てつがくを着て、まちを歩こう

ファッション考現学

鷲田清一

筑摩書房

目次

てつがくを着て、まちを歩こう

ファッション考現学

I　モードのてつがく

1　ファッションの基本

ファッション

ファッションにぜんぜん気がいかないひとはかっこよくないが、ファッション、ファッション……とそれしか頭にないひとはもっとかっこわるい。

このふたつ、一見反対のことのようで、じつは同じ態度を意味している。他人がそこにいないのだ。あるいは、他人にじぶんがどのように映っているかという、そういう想像力の働きが、欠けているのだ。

ひとにはそれぞれ印象というものがある。印象がいいというのは、ファッションでももちろんほめ言葉のひとつだ。清潔な感じがするとか、さっぱりしているとか、あるいはダサイとか、暗いとか、かったるいだとか。

たとえば同じ医者でも、白衣のときにはどことなくおっかない感じがするが、平服で往診に来ると、ふっと身近に感じて、なんでも相談できそうな感じがする。豪華な椅子に腰かけているときと、患者と同じクルクルまわる機能的な椅子に腰かけているときとでは、安心感も違う。服装ひとつで印象はころっと変わってしまうのだ。

「印象」の反対の言葉をご存じだろうか。「表現」という言葉だ。英語で表すとそれがよくわかる。「印象」は英語でインプレッション。外界が心の内（イン）に刻印される（プレス＝押す）ことを、インプレッション（印象）という。反対はエクスプレッション、つまり心の内を外（エクス）へと目に見える形で押し出す（プレス）こと、つまり「表現」を意味する。「印象」は内に刻みつけられたもの、「表現」は外に押し出されたもののことなのだ。

さて、ファッションというと、最近は、多くのひとがこの「表現」に結びつけて考える。個性の表現だとか自己表現というのがそれだ。地味な恰好をしていると、個性的ではない、もっと自己表現を、などといわれる。しかしよく見てみれば、流行に敏感なひとのかなりの部分というのは、じつは制服に身を包んでいるように、同じような非個性的な恰好をしている。まわりを見ても、若い女性はキャミソールのようなドレスとかスリップドレスとか、インナーのようなミニドレスに身を包んでいる。それに薄手のスケスケのカーディガンをちょいとはおって、という感じだ。足元を見ても、たいていはかかとが太くて高いサンダルを履いている。

自己表現というときの自己が流行のなかでつくられるのだから、流行しか表現しようがないのだろう。しかも店で買う以上、「絶対的」に個性的な服などあるはずもないから、みんな似たり寄ったりの服装になるしかない。わたしもこのあいだ、買ってから半年も着る勇気がなかった奇抜な服をある会合に着ていったところ、そっくりの服装のひとと鉢合わせしてしまい、まったく居心地が悪い思いをした。

おしゃれというのは、じぶんを着飾るということではない。むしろそれを見るひとへの気くばり、思いやりだと考えると、服を選ぶときのセンスが変わってくる。つまり、他人の視線をデコレートするという発想をどこかに取り入れること、つまりそういうホスピタリティが、ファッションでいちばん大切な要素なのではないかと思う。

わたしは京都という街に生まれたので、子どものころからよく舞妓さんやお坊さんとすれ違った。どちらも服装がきわめて特異。簪《かんざし》からおこぼまで、いやというほど着飾る舞妓さんと、すりきれかけている貧相なきものにわらじのお坊さん。しゃなりしゃなりと夜の帳《とばり》のなかを歩く舞妓さんと、おーっとうなりながら早朝の街を托鉢をして歩く修行僧。徹底的にドレスアップして客を歓待するひとと、徹底的にドレスダウンして衆生を迎え入れるひと。どちらも常人の知らない幸福を教えるホスピタリティのプロ、どちらもけっしてじぶんのために着飾っているわけではない。こういうセンスの働かせ方を、多くのひとが忘れかけているのではないだろうか。たとえば夏のかんかん照りの日に、白のきものに透けた黒の絽《ろ》(1)や紗《しゃ》(2)を重ね着して、見るひとの眼を涼ませるといった感覚を、である。

ファッショナブルということを、江戸のひとは「いき」と呼んだ。あか抜けして、張りがあって、色っぽいこと、いいかえると、諦めと意気地と媚態が織りなす綾のことを、「いき」と呼んだ。その例を、九鬼周造(3)という哲学者は『「いき」の構造』(一九三〇年に発表)のなかで、うすものを身にまとった姿や、湯上がり姿、柳腰、細面《おもて》や流し目、抜き衣紋《えもん》(4)や左褄《ひだりづま》(5)の裾さばきなどに見いだした。さっきはちょっと嫌みをいってしまったが、現代のキャミソール・ドレスは不思議に九鬼周造のあげている例に似ている。ただそこには、媚びるばかりではない、映えとか張りとでもいうべき心の緊張がある点が異なる。

地位がひとをつくるということとともに、服がひとをつくるということもよくいわれる。それは、ファッションがわたしたちのからだのイメージをわずかに、あるいはときに激しく揺さぶるものだからだ。

たとえばそれは、性のイメージと戯れる。ひとはむきだしの裸には退屈しやすいが、胸元だとか袖口、深いスリットとか下から浮きあがる下着の線とかには深く誘いこまれる。つまりそれは、わたしたちの欲望の形を象《かたど》る。

ファッションは品位とか優美といった情愛の肌理《きめ》をつくりだす。感情や気分とファッションは深く結びついている。力が抜け、洗練されていて、色があって、コケットなところもあって、決まりすぎず、だからちょっと隙もある……といった心の揺れを微細に表現する。

ファッションはまた、社会からのあらゆる包囲をすり抜ける抵抗のスタイルを決める。背伸びやはずし、突っぱりや飽きっぽさというのは、ファッションのもっとも得意とする遊びであるが、こういうイメージの揺さぶりのなかで、ひとはそのつどじぶんというものを選び取ってゆくわけだ。

じぶんをいつも可変的な状態に置いておく行為、それがファッションである。

流行

寒くなると、わたしもおしゃれがしたくなる。夏の終わりにはそわそわしだし、オフの日に街をぶらぶらして眼の準備運動をしたり、行きつけの店に行って、「どんなの入って

(1) 絽　縦または横、格子状に隙間をつくった絹織物。夏の和服地に用いる。
(2) 紗　横糸一本に縦糸をからませて隙間をつくった薄地の絹織物。夏の和服地に用いる。
(3) 九鬼周造　哲学者（一八八八―一九四一）。京大教授。ハイデガーらの存在論の影響を受け、『偶然性の問題』『人間と実存』などを著す。一方、芸術的な感受性も豊かで、著書『「いき」の構造』では日本の伝統的文化を独自の視点から分析究明した。
(4) 抜き衣紋　きものの着方のひとつ。合わせ襟を押しあげ、後ろ襟を引きさげて、襟首の肌が広く出るように着ること。
(5) 左褄　芸者などがきものを着て歩くときに、左手で両方の褄（きものの前幅の下部）をもちささえること。

る?」とたずねたりする。

おしゃれがしたい、好きな服を着ていたいとは、だれもが思うことだ。しかし、どうして新しい服が欲しくなるんだろうと考えると、すぐには答えが浮かばない。

グッズとか携帯電話とか化粧品は、ほかのみんなが持っていると欲しくなる。家やピアノもそうかもしれない。恋人もそうだろう。理由はかんたん。みんな持ってるからだ。あのひとも持っている、だからわたしも欲しい。

でも、みんな持っているというのは、逆にそれが欲しくない理由にもなりうる。同じ服装をしているひとに街ですれ違うのは、だれだって気持ちよくない。あのひとも持っている、だからわたしは持ちたくない。

みんな持っているから欲しくなるし、みんな持っているから持ちたくなくなる。人間は、どうも一筋縄ではいかないもののようだ。

みんな持っているけれどみんなが持っていないものを探すというのが、ショッピングするときのわたしたちの方針だ。といっても、難しく考えることはない。みんなとほぼ同じだけれども、ちょっとだけ色柄やテイストの違うものを選ぶということで、これはファッションではだれもがしていることだ。ことしスリットの入ったスカートがはやるとしたら、そしてみんなが左太腿の前に入れているとしたら、その位置をちょっとずらすとか、スリットをちょっと深くするとか……。

みんなとほとんど同じだけれどちょっとだけ違うのがいい――ファッションの真ん中にいるのはこういう集団であり、横並びというのがなにより嫌い、マジョリティからいつも一定距離をとっていたいから、みんながしているのとは違う未知のスタイルに手を出したがる――というのが、先端のひとだ。反対に、あるファッションが社会に完全に定着して「フツー」になるまで腰を上げないひとは、遅れすぎるとかえって目立ってしまうので、遅れすぎないうちにこそこそっと腰を上げることになる。本当はこういうひとがいちばん流行に弱いのだろう。いやいや、前世代のファッションを持続しようにも、店にはもうそういうものは並んでいないというだけのことかもしれない。

このように、みんなと同じじゃないと不安だけれど、みんなとまったく同じだともっと不安だ、そういうひとたちを核に、社会のなかの人間はゆっくりと集団移動していく。

同時に、こうして服というのは、まだ着られるのにもう着られないものになる。服だけでなく、自動車でも歌でも鞄でも、機能的にはまだOKだけれど、ファッションとしてはアウトというのが、このモード社会の厳しいルールである。まだ着られるけれどももう着られない、そういうルールの外に出ることを、ひとはなぜ不安がるのだろうか。

それぞれのセルフ・イメージというものでともに支えあっているから、というのが、考えられるいちばん大きな理由だ。じぶんってどういう人間か、それに確信をもって答えることのできるひとなど、おそらく周囲にいないだろう。じぶんってつかみどころのないものだし、「じぶん、じぶん」っていうわりにはぼーっと意識が昼寝していることが多いし、おだてにもよくのるし、ささいなことに心がひっかかってじぶんの感情なのにうまくコントロールできないことがよくあるし、懲りているはずなのに同じ過ちを繰り返しもする。つまり、じぶんのことは、みんなほんとによくわからないのだ。だからなにが似合うかも他人にいってもらわないとよくわからない。服を試着したとき、「これ、わたしに合うかしら」とまわりのだれかに問いかけないではいられないのも、そのためだ。

よく考えてみれば、そもそもじぶんのからだがよく見えない。じぶんの看板であるはずのじぶんの顔はじぶんではぜんぜん見えない。それを毎日他人にさらして生きているのだから、こんな無防備なことはない。誤解や曲解にさらされることもある。そこで、おたがいがより確かなセルフ・イメージをもてるように、たがいにイメージをあらかじめ微調整しあう。みんなおたがいを鏡にしてそこにじぶんを映すわけだ。セルフ・イメージを支えあうのである。ニーチェ[6]という哲学者は「各人にとってはじぶん自身がもっとも遠い者である」と書いたが、これこそわたしたちのファッションの根にある共通感情ではないだろうか。

そんな「じぶん探し」は、きっとはてしなく続くことだろう。そのとき、ひとは流行の服装を一種の保険のようなものにしている。というのも、みんなとだいたい同じような服を着ておいて、そのなかでちょっとした冒険をしていろいろイメージを調整するというのが、ファッションのやり口だからだ。ちょっと目立とうと背伸びもできるし、派手めにコーディネイトもできるが、みんなのなかに隠れようとしてカムフラージュもできる。恐怖に囚われた家畜は群れの中へ、中へと入ろうとするらしいが、強烈に画一的なファッションの流行を見ていると、ふとそんな情景を思い起こしてしまう。

しかし逆に、みんなと同じような服に身を包むことで、かろうじて爆弾のような心を抑えこんでいるひともいるかもしれない。ほとんどひとが気づかないようなわずかな細工を施した背広を、都市の迷彩服として着ることで、時代へのじぶんの違和感を服の下に隠したまま、都市のゲリラのような気分で生活しているひとが……。

保険のような服より、この都市の迷彩服(7)のほうが、服としてはもちろん、はるかに緊張感に満ちている。そういえば、凶悪犯を逮捕してみれば、どこにそんな凶暴な意志が隠されているのかといぶかしく思うくらい平凡なイメージの人物だったということもよくある。

(6) フリードリヒ・ニーチェ　ドイツの哲学者(一八四四—一九〇〇)。二十世紀の西洋思想史に大きな影響を与えた、ニヒリズムの思想家。著書に『権力への意志』『善悪の彼岸』『ツァラトゥストラはかく語りき』など。

(7) 迷彩服　敵の目をくらますように、周囲の物と見分けがつかない色を塗った服。

ドレスアップ、ドレスダウン

むかしは、おしゃれといえばかならずドレスアップのことだった。あんな高い毛皮のコートほしいな、あの指輪もいいな、あんなゴージャスなドレス着てみたい……。もっと豪華に、もっと美しく、もっとセクシーに……というふうに、あらゆる点で普段の服装よりグレイド・アップするのが、おしゃれというものだった。おしゃれは、質素とかみすぼらしさとは、あきらかに無縁だったのである。

社会に階級や階層がはっきりあるときとは、そういうものだ。よりリッチに、よりゴージャスに、よりエレガントにというふうに、みんなポジションを上げていくことばかり願う。

二十世紀になって、階級社会というものがしだいにくずれ、大衆社会というものに移行していっても、その点は変わらなかった。大衆社会にはスターという存在が生まれ、映画スター、とくに女優は、映画のなかでも私生活においても、前世紀の上流階級のまねをしようとした。お姫様や令嬢を演じたわけである。まさに、現代のシンデレラだったわけだ。

それが第二次世界大戦後になって、社会の階層差というものが急速に埋められ、日本だったら一億総中流化というような現象が生まれてくると、事情が変わってきた。上昇志向は、それが不可能だったとき、それほど階級差が厳しかったときには、例外的なものとして、みんながまぶしく憧れるものだったが、周囲がそれなりに豊かになってくると、大衆より相対的に「上」というのは、あまりまぶしいことではなくなった。つまり、手の届く夢でしかなくなった。

人間というのは厄介なもので、幸運の女神に選ばれるのではなく、すさまじい努力や悪知恵を使えばひょっとして手に入れられそうなものを手に入れると、こんどはそれをみっともなく感じる。憧れというよりも妬みの対象となってしまうのだ。そうするとこんどは、ひとが憧れないもの、だれもが蔑むものを選んで行なうことのほうが、どこかヒロイックに見えてくる。革命運動（多くの場合、それは上流の知的階層が先導した）などにもそういうところがある。そして、いわゆる六〇年代のドロップ・アウト。せっかくうまく出世街道にのったはずのひとが、「自由」を求めてわざわざ職を棄て、レールから下りる生き方をした。競争社会から下りる生き方はヒッピーという種族も生みだした。長髪、プアな恰好、ぞうりばき……。価値の転倒、まさにドレスダウンである。

おもしろいのは、上昇しきったひともそれと並行した生き方をはじめたことだ。リッチなひとはほんとうの意味でのリッチさを見せつけるために、つまり努力によってではなくスマートにその生活を享受していることを見せつけるために、日焼けをファッションにした。これだけ遊んでいるということを皮膚で表すのだ。日焼けはかつては戸外で働く肉体労働者のしるしだった。多くのひとが事務仕事や営業の仕事に携わる時代には、肉体運動はオフの象徴になる。健康のためにも、エグゼクティヴほどよく遊ぶというイメージができあがるのだ。陸《おか》サーファー(8)なんていうのも、さらにちょっと屈折したその末裔であろう。以後、ドレスダウンは、おしゃれの定番のひとつになったのだった。

典型的というよりは過激な、ドレスダウンのファッションがふたつある。パンクとポペリスムだ。

パンク。これはいうまでもなく、世の中のお上品な価値、おすましした生活スタイルに唾を吐きかけるひんしゅくものファッションだ。かみそりやチェーンのピアスにとんがりの髪型、破れたジャンパーに悪趣味なメイク……。群れるときは、下品な「うんち」スタイルで地べたにしゃがんだりする。しかしこれも、いまではファッション・メニューのワン・オブ・ゼムになり、ヘビメタ(9)のユニフォームのようにあきらかに緊張感を失いつつある。

ポペリスム。わざと貧相な服装をする貧乏主義のことである。よれよれ、しわくちゃ、穴あき、ほつれだらけの、汚らしいファッション。アヴァンギャルドなファッションはいつも伝統的な価値の破壊からことをはじめるから、世間が眉をひそめるようなみすぼらしい恰好となる。八〇年代から九〇年代にかけては、カラス族とかグランジなどというのがはやった。

社会のマジョリティから距離をとること、群れないこと、かっこよさとはここにかかっている。たとえ、それにみんなが憧れるということが逆説だとしてもだ。

ドレスアップとドレスダウンのそれぞれの究極が混じりあう現在のファッション・シーン。じつはこれはむかしから見なれてきた風景でもある。色街には芸者の艶《あで》やかに飾り立てた姿がある。派手で、粋で、瀟洒で、色っぽいいでたち、それは着飾りの極致である。町には、色街に接するようにして寺社もある。精進落としという習慣があったからであろう。ほとんどの町で色街と寺町は隣接している。そしてそこから、質素な布一枚のきものに藁《わら》ぞうりをはいた僧が、市中を托鉢してまわる。碗を持って米や金銭を乞うてまわるのだ。かれらは進んでじぶんを社会の底辺に、もっともみすぼらしい次元に置くひとたちであり、大なり小なり富と幸をもつがゆえに、苦しみと悲しみに喘《あえ》がざるを得ない衆生を、最期のところで癒しうる存在となる。貧しさの極致においてこそ、ひとがはじめてもちうる懐の深さだ。

ひとがみな同じ感受性、同じ価値観でいるときにそのノイズとなること、いわば「はずし」の感覚、それが「かっこよさ」というものの本質ではないだろうか。人生の「はずれ」ともいうべき貧しい存在が——アップの極致である芸者も、もとはといえば「はずれ」であり、不運から人生をはじめたひとが多かった——、その「はずれ」という受け身

(8) 陸サーファー　街中をサーフボードを抱えて、いかにもそれらしく歩くひと。

(9) ヘビメタ　ヘビーメタルの略。ハードロックのなかでも、金属的な音響を特徴とするもの。主として八〇年代に登場したロックやそのバンドをいう。

の環境を「はずし」という能動的な姿勢へと裏返す。そこにファッションのひとつの極みがあるように思う。昔からひとが心意気とか意気地といってきたのも、そういうライフ・スタイルのことだったのではないだろうか。エリック・ギル(10)が書いていたように、「ファッションは肉体よりも精神に合うもの」なのである。

贅沢

むかし、といっても十年くらい前のことだが、高度消費志向が満開のころ、とてもおもしろいコピーにであった。「贅沢は素敵だ」というものだ。これはいうまでもなく、「贅沢は敵だ」という太平洋戦時下の標語をもじったものである。

もちろん、ひとりひとりを考えると、日本人が突然に金持ちになったわけではない。テレビのトレンディ・ドラマでは、就職してまだ二、三年の女性がみんな青山あたりのおしゃれなマンションに住んでいるかのような幻想をふりまいているが、実際にはそれとはほど遠い住環境にあって、衣食の消費という一点でかろうじてリッチを感じている。

大きな鞄をかかえ、さっそうと仕事をこなしたその帰りに、引き算の美学とでもいうべきシックなブティックに寄って眼を遊ばせ、友だちとイタメシとやらを食したあと、最後にシックどころか倹《つま》しさそのものであるような部屋に帰り、ジャージーに着替えて缶ジュースをチビリチビリ飲むという、リッチなのかプアなのかよくわからないアンバランスな生活へのいらだちからだろうか、贅沢志向やハイテイスト志向もどんどんエスカレートしていっている。記憶は定かではないが、「貴族生活研究所」とかいう企業内の研究機関も出てきたほどだ。

欲しいもの（といっても、ほとんど流行品だろうが）がだいたいそろったあげく、わたしたちはこんどは「欲しいものが欲しいわ」とつぶやくようになった。なにか欲望がひもじくなってきた。八〇年代にはどうやらそこらあたりまでいった。

ところで、贅沢というのもなかなか一筋縄ではいかないもので、贅沢はその度合いが高くなればなるほど、逆に貧しさや倹しさに近づいていく。

たとえば「贅沢」できるための条件に潤沢な財産があるが、財、とくに金というのは、もてばもつほど、失うことの不安にさいなまれるようになるもので、使うのが怖くなる。けちになるのだ。そう、守銭奴になるのである。

なにかをじぶんのものとして所有しようとすると、やがて、その所有物に魔法のように誘われ、縛りつけられることになる。愛情などというのはその典型であろう。ある異性を「じぶんのもの」にすると、じぶん以外のひとに気がいっていないかと、こんどはそのひ

(10) エリック・ギル　イギリスのタイポグラファー（一八八二―一九四〇）。彼が開発した書体のなかでも、Gill Sans は特に有名。工業デザイン、クラフトについても多くの著書がある。

との言葉やふるまいのひとつひとつがとても気になりはじめ、なんでもないことにまるで妄想のように想像を膨らませる。それに気づいた相手は、その嫉妬心を逆手にとって、わざと相手を裏切るようなそぶりを見せ、オロオロさせたうえで、グサッときつい言葉を差しこむ。相手を動転させて、主導権を手にするわけだ。ここで主従が逆転してしまい、所有する側が支配されてしまう。

金の例に戻るが、金をもてばもつほど金に支配されることになるのだから、関係が逆転しないためには、金を手に入れたとたん、貯えこまないですぐにぜんぶ使い捨てるのでなければならない。なにかが欲しいからではなく(それではまた「欲しいもの」に心が縛られることになる)、欲しくもないもの、意味のないものに、湯水のように金を投じるのでなくてはならない。蕩尽するわけだ、すっからかんになるまで。

とすると、ほんとうのリッチ、ほんとうの贅沢は、所有するものと所有されるものとのあいだのこういう反転が起こらないような関係のなかにある、というべきだろう。ものやひとを自由に所有するというリッチさは、ものやひとに所有され返され、不自由さに裏返ってしまうからだ。

ファッションひとつとっても、リッチや贅沢への欲望というのは、なんとも奇怪なものである。ぼろぼろの服、裾のほつれた服、つぎはぎの服、しわくちゃの服……そんな「貧しさ」を演出する服が、とても高価な商品として、取りあいになることがよくある。すりきれたジーンズなどの古着が、ビンテージものといって、百万円の値がついたりすることもある。嵐山や修学院などにいろいろ立派なマンションがあるのに、わざわざ京の街なかの、うなぎの寝床のような古くて暗い家、冬にはすきま風のこたえる傾いた木造の家をもとめるひともいる。フィレンツェでも、ステイタスをもちたいひとは、家の建てこんだ中心街にある、使い勝手の悪い旧家をわざわざもとめるという。

かつては日焼けは肉体労働者のしるしであり、みんな競って色白の肌を演出しようとした。いまは逆に、日焼けがリッチ。ゆっくり日光浴に行く余裕がそれで示せるからだ。そういう余裕のないひとは、わざわざ肌焼き美容の店に行くほどである。あるいは、かつては太っているのが裕福のしるし、痩身は貧困のしるしであった。それがいまは、太っているのが労働者、労働を免除されているひとは痩せているというふうに、一種の差別記号にすらなりつつある。肥満は、自己の健康管理の時間も精神的余裕もない証拠、というわけだ。

しかし、ものをできるだけたくさんもち、もったつもりでものにふりまわされる「成り金」も哀れだが、ものではなくイメージや外見にこだわる「ニューリッチ」もなんとも視線が低い感じがする。

そこで、クエスチョン。

あなたは、毎日違った服を着て外出したいですか？　それとも、同じ服を何着も買って、それを毎日着替えてたいですか？

　あなたは毎日、手ごろな食堂でまあまあの食事をきちんととりたいですか？　それとも、ふだんは昼も夜も職場の机でコンビニのにぎり飯か菓子パンですませてでも、週一回だけは吉兆あたりへ出かけたいですか？

ブランド

　もう十五年ほど前になるが、仕事で旧西ドイツに住んでいたことがある。自動車好きの友人が日本から遊びにやってきて、いっしょに街を散歩していたら、突然大きな声で叫んだ。ドイツではタクシーにベンツが使われていると、感動していたのだ。ふつうのひとには手の届かないあんな高級車が、と。

　日本でクラウンとかグロリアが中型タクシーとして使われているのと同じことなのに、当時の日本ではベンツは運転手つきの超高級車というイメージがあったから、ちょっと薄汚れたベンツがさりげなく客待ちしているのを見て、エエーッと驚いたのだろう。ベンツといってもこのごろは、ちょっとした、そう、ほんとにちょっとした「ご令嬢」が遊びに使うくらいのイメージに変わってきている。かといって、いきなりランボルギーニを混雑した市街で乗るというのも、やたらにひとを見下すようなあの４ＷＤで商店街を自転車やオートバイと並んで走るのと同じで、ほとんどマンガになってしまう。

自動車にかぎらず、ブランドというのは、技術の粋をつくした、クオリティのきわめて高い製品がウリのはずだが、日本では不思議にこれがマンガやジョークになってしまう。シャネルを着てタコ焼きを立ち食いするのが大阪・ミナミの風物詩になったり、ゴルフ・ウェアの野球選手が移動時にルイ・ヴィトンのバッグをそろえでもったり……。そういえば制服を着た女子高生がヴィトンのバッグをぶら下げているのを見かけることもある。

手土産に持っていく和菓子だとか、儀式に着ていくきものだとか、会合に使う料亭だとか、歴史の厚いものについては、わたしたちにも明確なブランドとそのランクというものがあるが、洋服やバッグとなると、そういう伝統をもたないので、ブランドは一部のすごい目ききを除いてはやはり無内容な記号になってしまわざるをえない。

そのためブランド志向という表現には、なにも考えないでその記号にイカれて、「あのひともっているから」という具合に、ひとにつられて、見栄だけで買うことというイメージがつきまとってしまう。ものを見る眼がなくて評判やイメージだけで買うもの、その意味でファッションのなかでも、もっとも軽薄なものというイメージが強くなってしまうのだ。悲しいかな、胸元で誇らしげに光るブランド企業や議員のバッジと同類のものとして……。

八〇年代は、その意味で、まさにファッション狂騒曲の極みとでもいうべき時代だった。DCブランドにひとびとが殺到すると、次は「無印」が究極のブランドになった。まことに皮肉なことだが、それで止まらなかった。ばかばかしいことだが、新貴族主義などといって家柄をファッションにしようとした仕掛け人まで登場し、最後はからだにもブランド志向が出てきた。スーパーモデルのボディが究極のブランドとなって、それをモデルに、みんなダイエットやエクササイズに励む様《さま》が見られた。

ここではテイストとブランドということが必ずしも結びついていない。だから、ほんとうにテイストを大事にするひとにとっては、ブランドに振りまわされていないことがカッコイイということにもなる。

もとはといえば、ブランドはファッションとは正反対のものだった。技術がすごい（ベンツもそうだが）、基本型が変わらない、流行を超越しているので時代遅れなものとして廃棄されることがない……。そしてどのブランドをじぶんにふさわしいものとして選ぶかというところで、個人の見る眼が験《ため》されるし、物の選択のなかにそのひとのテイストが、そしてそのひとの自由が表現される。そう、自由が、である。ブランドはひとが選ぶものなのであって、ひとが選ばれるものではない。

もっとも、テイストの変化はそのまま所属階層のワンランク・アップにつながっている。身につけるものでその上昇気分が味わえる。そういえば、ブランドとは、もとは、じぶんの所有物（家畜）に押した焼き印を意味していた。ここに、自由の表現であるはずのブランドが、逆にひとがそれに従属するものに反転する理由のひとつが見いだせるかもしれない。

このようにみてくると、ファッション以前の段階のブランドから、ブランドそのもののファッション化、記号化を経て、いまもう一度、ファッション以後のブランドというものに熱いまなざしが注がれだしているように思えてならない。

まだ着られるのにもう着られない、つまりすりきれたわけではないのに、はやらないからもう着られない、というファッションの新しいもの好き（ネオマニー）、ひとがまだ着ていないものを着るというファッションの常に前のめりの姿勢にうんざりしてきたときに、ひとはまず古着に注目した。古着は、時間の厚みが、時間の澱《おり》がたっぷりしみこんでいる服。そこには、棄てられた服をまるで哀悼するかのような気分さえ感じられた。いまや死語となってしまったが、「ナウい」ものをもとめて、たえず現在をむなしく更新していくモードの時間の、あの「耐えられない軽さ」への、ささやかな抵抗といえはしないか。

現在の第二次ブランド・ブームにも、こういう、あらゆるものをファッションとして消費してしまう社会への抵抗という意味があるかもしれない。ものとそれをつくりだす伝統のなかに深く宿っている時間の手ざわり、時間の厚み……。それらへの感覚が最高のテイストだ、というふうに。八〇年代のファッション狂騒曲を見てきたものとしては、こうした新しいブランド志向ににわかに信頼をよせるのは、どこかためらわれるところがあるが……。

ともあれファッション狂騒曲を深くくぐったあとに出てきたのが、古着とブランドの両極端の流行だというのは、なんとも皮肉な現象である。

センス

「センスがいい」といわれ、いやなひとはいない。センスがいいというのは、頭がいいとか体力があるといってほめられるのとは違い、なにか好感をもたれているというか、まぶしく思われているというか、要するに無理にがんばらなくても、じぶんのこの生き方、感じ方がそのまま認められているという感覚があって、そういううわさが耳に入ってくると、いかに謹厳実直なひとだって、つい頬がゆるんでしまうというものだ。たとえ、おだてとわかっていてもだ。

センスというのは一種のバランス感覚である。だから、センスがいいというと、すぐにネクタイとシャツとの色や柄の組みあわせなどが意識にのぼるが、服と着てゆく場所との組みあわせなども、TPOという言い方もするくらい大事だ。しかし、センスは、どこか力んでいないというか、ほころびがあってこそのセンスで、完璧なコーディネーションというのはちょっと不気味なものである。すぐに退屈がられてしまう。バッチリ百パーセント決まっているというのは、どうも息が詰まるといった感じさえする。服だけではない。ひとのイメージ、企業のイメージがそうだ。たとえば百パーセント女性、百パーセント保険会社というのも、見ていて逃げ場がない感じがする。存在がガチガチになっている感じがする。さらさらのロングヘアに小さなピアス、柔らかな生地のブラウスに内側向きの円いウオッチ、レース模様の入った下着にストッキング、小ぶりのヒールにハンドバッグ……これでは石鹸かバターの固まりだ。メリハリというものがないし、変化もない。すぐにすりきれるし、カサカサ、あるいは脂っぽくなって不快だし、熱い思いを寄せると溶けてなくなってしまいそうだ。百パーセント女性的というのもしんどい。揺れが、隙間がないからだ。

そこでみんなどこか裏切る場所をつくりだす。男子用のランニングのような下着をつける、ノーメイクを装う、でかい重厚な腕時計をする、オジサン風の大きな革鞄をもつ、スニーカーを履く……。むかし、ショートカットの髪型やジーンズが登場したときのハッとする新鮮さも、この裏切り、このアンバランスにポイントがあった。

センスといえば、コモンセンス（常識）、これもなくてはならぬものだが、あまりありすぎても魅力はない。コモンには、ありふれててつまらない、という意味もある。ちょっとハズれ、ちょっとアブな（つまりアブノーマルな）ところがあるほうが気が惹かれるもの。たとえば、いろいろ迷ったうえに判断を下す上司と、いつでも決まりきった判断しかせず聞く気も起こさせない上司とは、同じ安定感といってもセンスは正反対といえる。

本当のセンスというのは、マッチでもコーディネーションでもなく、〈揺れ〉である。

イメージの〈ぶれ〉だ。むかし、ザードに「揺れる想い」という曲があった。「揺れる想い、身体じゅう感じて、このままずっとそばにいたい……」。これが、誘惑のポイント。どこか不調和なものが紛れこんでいて、このひとはなにを思っているのかよくわからない、でもちょっと気になる、だからステキ……というのがおしゃれ感覚というものではないだろうか。男性のするピアスの魅力も、きっとこういうところにあるのだろう。

かつて『欲望のあいまいな対象』(11)というタイトルの映画があった。また、フィリップ・K・ディック(12)というSF作家の小説にはこんな台詞《せりふ》があった。「あなたの部屋につれていってキスをして。あなたの言葉のなかには、なにか定義できないものがあって、それが欲望をかき立てる」。そう、この意味の不確かさゆえに、わたしたちは惹かれるのだ。わかりやすさというのは、ほんとは死ぬほど退屈なものなのだ。本だってそう。サラッと読める本はあとになにも残らない。そういう意味では、個人であれ企業であれ、イメージをひとつにまとめることばかり考えていたら危ない。

ひところのミスマッチ感覚も、誘惑のポイントをきちんと計算していた。が、ジーンズのジャンパーに黒のちょっと透けてエレガントなワンピースの組みあわせなんていうのも、いまでは堂々とした定番になっている。いまでは、よほど気をきかした着方をしないと、もうたいていはダサい。で、それも通り越して、いまはもっとアウトな感覚、つまり悪趣味(バッド・テイスト)が流行になっている。おそらく今後はもう、美しいとかエレガント、可愛いとかリッチとかに、わたしたちはあまり眼を向けなくなるだろう。それより「ときめく」「おもしろい」といった感覚のほうが大切になるに違いない。それどころか、「とっぴ」が、空気がなんとなく淀んだ時代に思わぬ穴をあけてくれるというただそれだけのことで、はやるようになるかもしれない。もっともはやってしまえば「とっぴ」でもなんでもなくなるわけだが。

らしさ

わからないことがある。女のひとというのは、女だから女らしいのか、それとも女らしくするから女になるのか。生徒は生徒だから生徒らしいのか、それとも生徒らしくするから生徒なのか。

以前にこんなマンガを読んだことがある。典型的な優等生タイプの桂子は、ある日転校して来たまったく反対タイプの生徒、洪介が眼の前に現れ、動揺する。「優等生している

(11)『欲望のあいまいな対象』 ルイス・ブニュエル監督作品のフランス・スペイン映画(一九七七年)。

(12) フィリップ・キンドレッド・ディック アメリカの小説家(一九二八―一九八二)。長編『アンドロイドは電気羊の夢を見るか?』は現代SF小説史に残る傑作。ほかに『高い城の男』『ユービック』など。

うちに、なんかいっぱいなくしてたみたい……」と。

家まで歩いて十五分…
子どものころはよく走ってたっけ
おつかいいくのや学校への道…
いつからだろう、あまり走ることをしなくなったのは…
女の子特有の小走りしかしなくなったのは…
…走って…みようか…
あのころのように軽く足は上がるだろうか
耳のそばでなる風の音を聴けるだろうか
身体を空気のように感じることができるだろうか

（大和和紀『あい色神話』[13]）

会社に入ってスーツ姿になったとき、多くの女性はふとこんな想いにとらわれるのだろうか。生きるっていうのは、じぶんの可能性をどんどん削《そ》ぎ落としていくことだと、つぶやいてみたくなるような文章だ。砂に水がしみいるように、こちらの心に触れてくる。「女らしさ」というのが、イメージとしてはあるのはわかる。それをうまく演じきり、演じていることもすっかり忘れているひとは多い。手段としてそれを利用するひとも多い。でもまた、それをなにかじぶんを閉じこめる檻のように感じるひともいるだろう。〈女〉という、世の中を流通しているイメージが、じぶんにしっくりこなくって、イヤでイヤでたまらないというひともきっといるはずだ。

「○○さんらしさ」っていうのもありそうだ。血液型だとか、〜系といった分類をもう少し細かくして個人にまでもってきた「らしさ」。たとえば、走らないとかピンクが合わないといったイメージ。いってみれば、タイプの集合体としての○○さんだ。

でも、ひとのいうその「○○さんらしさ」が○○さん自身の「わたしらしさ」とうまく合わないのだろう。身ごなしがエレガントだとか、いつもはつらつとしているだとか、あるいはてきぱきものを処理するだとか、よく気がつくだとか、そんな特徴をいくらあげられても、それが「わたしらしさ」だという実感がしないというのはよくわかる。なぜなら、はつらつとしているひとはこの世にいっぱいいるし、よく気がつくひとだってまわりにいくらでもいる。わたしだけにしかないものではないからだ。そんな特徴をいくら足しても○○さんの現実の〈わたし〉には届かない。「○○さんらしさ」というのは、タイプ分けを細かくしたものにすぎない。他人からするイメージでしかないから、しっくりこないこ

(13) 大和和紀『あい色神話』 大和和紀自選集（一九九五年 講談社コミックス／講談社）に収録。

とが多いのだ。

では、わたしにとっての「わたしらしさ」といったものがはっきりあるのかといえば、これもたいていはぼんやりしていてよくわからない。じぶんのなかを一所懸命探っても、じぶんにしかないものなんてそうかんたんに見つかるものではない。というか、むしろじぶんがなにかとても凡庸なものに思えるのが落ちである。「らしさ」というのはもともとひとをタイプにわけたり類型化するものだから、「わたしらしさ」をもとめるということがきっと無理なんだと思う。そんなふうに必死でじぶんをタイプ分けするより、むしろじぶんはいったいだれにとって意味のある存在なんだろうと考えたほうが、元気が出てくるように思う。だれか他人のなかで意味のある場所をじぶんが占めていると感じられたら、それだけで生きている意味が見いだせるということにはならないか。

だれかが、「きみを認める」、「きみにそばにいてほしい」と言ってくれれば、それが「わたしらしさ」のいちばんの証明になるのではないだろうか。だれかにとってのだれかであること、これがわたしの「かけがえのない存在」の証である。

だからひとは恋愛に憧れるのだ。あるいは家族生活が空気のようになって、じぶんがここにいる必然性というのがうまく実感できないとき、アヴァンチュールをもとめるのだ。他人のなかで意味のある場所を占めているということ、子どものときにこういう体験をできないということはつらい。年老いてからもそう。「だれもわたしに声をかけてくれない」という遺書を残して自殺した老人のことを読んだことがある。だから極端な場合には、他人の気を引くためにわざわざ憎まれ口をきくひとも出てくる。たとえ嫌悪や排除の対象になってもいいから、だれかに無視されないでいたいという気持ちは切実だ。

「わたしらしさ」というのは、ひとりで持てないものだから、ひとはすぐに他人のうわさや品定めをしあうのだろう。他人のあいだでじぶんを探すのだろう。じぶんを他人のあいだで分類するというのは、じぶんが衰弱しかけてる信号なのだろう。でも、あなたでないとだめだ、というふうに愛してくれるひとが出現すれば、ひとはそんなタイプ分けがとたんにつまんなく見えてきて、もう「らしさ」にこだわらなくなるはずだ。

旬

食べごろ、つまり旬の食べもの。いまいちばんのっているひと、つまり旬のひと。

食べもので旬といえば魚か野菜。わたしは内陸の町に生まれたので、旬の魚についてはとんと知識がない。干しがれいか、しめさばか、ふな鮨くらいしか知らないんだろうとばかにされている。けれども野菜には強い！　そう見栄を切りたいところだが、玉ねぎと大根と白菜とキャベツと芋はOKとして、にんじんもほうれん草も、ふきもみょうがも、なすもかぼちゃもピーマンも、つまりは色のついた野菜はみなごめんというわたしとしては

——すいか、いちご、トマトはワクワクする例外——、ずばり旬を感じるのは春先のたけのこくらいのもの。筍、そう、字まで旬になっている。若竹の刺身の舌ざわり、たけのこを煮るときのぬかの匂い、たけのこに添えた木の芽とさっと煮たわかめの香り……。これは秋のまつたけの土瓶蒸しにも負けない。

旬の食べものがいいのは、毎年繰り返し会えるからだ。が、ひとの旬はどこかもの哀しさを湛えている。二度と来ないものだからだ。同じ旬でも、だから、円の時間のなかで出会うのと、線の時間のなかで出会うのでは、感触がずいぶん違うのだ。

ひとの旬については、一筋縄にはいかない。旬の来る時期がひとりひとり違う。それに旬は、思ったとき、願ったときに来るものではない。そこらあたりがまずかんたんではない。ひところ、わたしも齢を重ねるとともに同年齢の有名人に思いを馳せ——さすがに美空ひばりがデビューした年齢とは比べなかったが——、アッ、この歳でランボー(14)は詩の世界から足を洗っていたとか、ジェイムズ・ディーンはこの歳でもう事故死していたとか、ヘーゲル(15)はこの歳で『精神現象学』を脱稿していた……などと、心中穏やかならざるものがないこともなかった。が、このごろは、わたしにもいつか旬は来るのだろうかと焦るようなこともなく、晩年に花を咲かせた作家のものを好んで読むというさもしいこともせずに、『世界の名言・臨終の言葉』などというポケット・ブックを思い出したようにあけて、「きょうは四日か……」などという第三代アメリカ大統領ジェファーソンの臨終の言葉を見つけ、これをぼくがいえば……などと考えてニタリとしたりしている。

ひとの旬には、もうひとつ面倒なことがある。それは旬のひとはいまが旬だとは考えないものだということだ。「僕は二十歳だった。それは人生でもっとも美しい季節だとはだれにもいわせまい」。これはポール・ニザン(16)の『アデン、アラビア』の冒頭の言葉であるが、これがまさに旬というやつで、「青春なんて若いやつにはもったいない」と、いちども訪れなかった旬をまるで宝物のように愛《め》でるのは、盛りを過ぎたひと、いえ、盛りに憧れつづけるひとだけだ。

旬はだから、旬の訪れをからだの内部でむずむず感じる旬の直前のひととか、下り坂に入ったことを認めざるをえなくなったひととか、旬を遠く回想するひとにしか、リアリティをもたないものなのだろう。つまり、祭りの前、祭りの後だ。旬にいるひとは、むしろど

(14) アルテュール・ランボー　フランスの詩人（一八五四―一八九一）。若くして天才を発揮し、十七歳で作品『酔いどれ船』を携えてパリに上京。詩人ヴェルレーヌと同棲生活をおくるが破綻。失意のなかで『地獄の季節』を生む。二十歳で文学と絶縁。各種の職業に就きながら各地を転々と流転。生前は無名だったが、死後評価が高まり、現代詩に深く影響を与える。

(15) フリードリヒ・ヘーゲル　ドイツの哲学者（一七七〇―一八三一）。ドイツ観念論哲学の完成者。著書『精神現象学』『歴史哲学』ほか。

(16) ポール・ニザン　フランスの作家（一九〇五―一九四〇）。著書に『陰謀』など。

こへ行くかわからない混乱のただなかにいるはずで、いつまでピークが続くか、いつそれが陰るか、不安に苛《さいな》まれているはずだ。

もちろん、人間も生きもののひとつであるかぎり、生理的な旬というものもあるはずだ。もう死語になっているが、かつて娘ざかり、女ざかりといった言葉もあった。青くさいのと萎《しな》びたのとのあいだの熟れごろのことである。

が、そういった自然の旬も、いまではどんどん操作可能なものになってきた。月が満ちるといいながら、出産日は選んだり、調整したりできるようになった。二十代の女性の拒食症や月経停止のことも最近はよく耳にする。

だいいち、身体の環境自体が年じゅう、人為的に調整されるものになっている。空調のおかげで(?)、季節感というものは、肌で感じるものではなく、イメージとして思いだすものになった。夏服とか冬服などという衣替えの習慣もだんだん薄れてきているのは、ご存じのとおりだ。秋冬のコレクションでも、薄手の透けたドレスがめずらしくない。きゅうりやトマトが年中スーパーに並ぶようになったのと同じこと。だから、よけいに季節感をイメージで演出しなければならなくなったわけだ。

季節感じたいを思いださざるをえなくなったということ、あるいは盛りを過ぎたあたりのあの独特の寂寥感。これらは屈折したややこしい感情になってしまった。むかしのひとは、ほんとうの旬は旬のあとに来ることを知っていた。消失の予感のなかでこそ旬が際立《きわだ》ってくることを知っていた。月は隈なきをのみ見るものかは……。桜は散り際がよし……。

さて、愛情について。わたしは以前は「性」にも旬があるものと、たいした経験もなしにそう思いこんでいた。女にも男にも、どうしようもない「性」のピークというものがあるのだと。けれども、いまではそのピークが何度もあるということに気づかないといけないのではないかと思いはじめた。その理論とは……。

ひとは、じぶんの母よりも少し年上のひと、じぶんの娘よりも少し年下のひとを愛せるようになってはじめてみずからのエロスも盛りにくる。女性なら、母を父と、娘を息子と読みかえればよい。目尻のしわ、顎《あご》の下のしわ、手の甲のしわは、しばしば老いのしるしとして萎びたものと見られるが、それは見られる者のホルモンではなく見る者のエロスと想像力が足りないからであって、しわが美しくなるまでその肌を見つづけなくてはならない。

ところが、よくよくわれをふりかえれば、わたしも今年は「しじゅうくさい」歳。とすると、エロスの対象は、上は八十九歳、下は九歳ということになってしまう。まあ、女性の人生のはじまりから終わりころまでということになる。とすると、女性ぜんぶというとになってしまい、節操のないただの女好きとなんの変わりもなくなってしまう……。せっかくのいい理論に有頂天になっていたのに、心がシュンと萎んで、またひとつしわが増えてしまった。

メイク

神様というのは、なかなか残酷なことをする。化粧を本当に必要とするひとには化粧の効果をあまり与えず、化粧を必要としないひと、たとえば少女や少年にこそもっとも妖しい効果を与える。化粧にはどうも他人を狂わせるところがあるらしい。

その意味では、美しい化粧というのはそうそうあるものではない。街で見かける化粧というのは隠したり偽ったりするものばかり、男性のヘアピースのような化粧ばかりだ。いまの化粧で凄味のあるものといったら、ドラッグクイーンの厚化粧と、少女の超細眉、それも実際の眉の位置からずいぶんずれ、まるで長い線のような眉ぐらいではないだろうか。それ以外のメイクは、正直なところ、かったるい。ただし、どちらもわたしの好みからはうんとはずれるには違いないが……。

現代の女性はみんなじぶんを美しくなくするメイクに傾倒しているのではないか、そんなふうに思うことがある。人生の彩《いろどり》だけでなく綾も知りはじめた成人女性には、すぐにもその顔に綾をつくりだしてほしいもの、と思うのはわたしだけだろうか。そう、チャーミングなしわを、である。「若づくり」ほどひもじいものはない。なにかを隠す化粧には、妖しさも凄味もありえない。

以前、ファッション・デザイナーの山本耀司(17)さんにお会いしたとき、どんな女性に惹かれるかという話になった。彼は、素肌に男性用のカッターシャツ(18)を一枚、無造作にはおった女性か、ほとんど銀色になった髪に葉巻をくわえている老婦人、といっていた。この感じ、とてもよくわかる。ちなみに、じゃあ、男性の理想は、という話にもなると、散歩の道すがら、じぶんと人生を共にしてきた老犬に向かって、「おまえもずいぶん歳いったな」という場面をあげられた。

そのひとが過ごしてきた時間、そのひとがひとりで送ってきた時間を深く浸透させている顔が、それがいちばんきれいだ。そのひとの過去すべて、そのひとの存在のすべて、それを愛し、いつくしまないで、なにが愛だろうか。

それとも、そんな愛を信じるほどナイーヴではいられないからこそ、ひとは化粧するのだろうか。そうだとすると、ちょっと背筋が寒くなるような凄味を感じる。

「一言でいってしまえば、わたしは化粧する女が好きです。そこには、虚構によって現実を乗り切ろうとするエネルギーが感じられます。そしてまた化粧はゲームでもあります。

(17) 山本耀司　ファッション・デザイナー（一九四三―）。慶応大学法学部卒業後ファッションの仕事をはじめ、一九八一年にパリでショーを開催。身のさばきをとくに大切にし、社会のどんな人間類型をも思い浮かべさせない抽象的な服を発表しつづけている。著者はヨウジの「いかがわしい」服をこよなく愛している。

(18) カッターシャツ　襟折りのある男物の長袖シャツ。

顔を真っ白に塗りつぶした女には「たかが人生じゃないの」というほどの余裕も感じられます。……化粧を、女のナルシシズムのせいだと決めつけてしまったり、プチブル的な贅沢だと批判してしまうのは、本当の意味での女の一生を支える力が、想像力の中にあるのだということを見抜くことを怠った考え方です」。

これは歌人で演劇家であった寺山修司(19)の言葉だが、なかなかの化粧論である。化粧を「プチブル的な贅沢だ」などというひとはさすがにいまは少ないだろうが、「虚構」を欠いた化粧というのはたしかに多い。じぶんの枠から抜け出たいから化粧するのではなく、じぶんがないから、だれにもなれないから化粧するのでは、と思いたくなる化粧はよく見かける。みんながあるモデルの、質のよくないコピーをしあっているような図だ。

じぶんがだれかということ、つまりはひとのアイデンティティというのは、じぶんがじぶんに語って聞かせる物語だと書いた英国の精神科医がいたが、その意味では、化粧というのは、こうではなかった別のじぶんをじぶんに対して語りだすためにするものである。想像力でじぶんの存在に活を入れる、放っておいたらこうしかならないじぶんを抜きんでる、そういう人生の戦闘服のような意味が、化粧にはある。

それともうひとつ、じぶんの顔はじぶんでは見えないということ、他人がじぶんをじぶんとして認めてくれるその顔をよりによってその当人だけが見ることができないということ、これは、顔との関係が想像のなかでしか持てないことを意味する。みんなイマジネーションを通じてしかじぶん自身に関われないということだ。鏡をのぞきメイクをしながら、ひとはまさにじぶんの像（イメージ）と戯れているのだ。ひとはじぶん自身にいつまでも一致できない。内にはじぶんでは埋めようのない亀裂が走っているのだ。

人生はこのような二重の意味で、じぶんというものの根っこのところで、想像や虚構を含んでいるといえよう。

このごろのストリートを見ていると、化粧している事実をあえて隠さないような化粧が目立つ。金髪をはじめカラフルに彩色したヘアがそうだし、いかにも全面的に描きなおしましたといわんばかりの極端に細い眉、そしてブルーやパープルやシルバーといった意表をつくような色を塗ったネイル。生きるということが想像や虚構でなりたっているという事実を、そのままストレートに目に見えるようにしているという意味では、ちょっと「てつがく」的なメイクなのかもしれない。だとすれば、安部公房の小説『箱男』のように、みんなが街で仮面をかぶるような時代がいつか来るかもしれない。

そういえば、顔のことを欧米ではマスクという。マスクはいうまでもなく仮面という意味。日本語でも面《おもて》は、顔と面の両方を意味する。

(19) 寺山修司　歌人、劇作家、演出家、映画監督（一九三五—一九八三）。前衛歌人として早稲田大学在学中から活躍。劇団「天井桟敷」を結成し、前衛演劇を展開。著書『書を捨てよ、町へ出よう』『田園に死す』など。

触りごこち

眉を剃ったり、無駄毛を処理したり、肌をつるつるにしているひとがいる。すべすべが気持ちいいといわれて、無駄毛やうぶ毛を薬品で除去する男の子もよくいる。

その筋の研究者に聞いたことだが、うぶ毛を除去すると、物の微妙な風合いが感じられなくなるのだそうだ。うぶ毛は人間の体表にかぶさった一種の透明クッションのようなもので、物の触感は、それにふれたときにうぶ毛を圧す力の加減で得られるらしい。だからうぶ毛を取り除くと、その微妙な圧力が感じられず、したがってものの風合いにも感触にも鈍感になり、場のなんとはない気配を空気で感じるということも少なくなる。そんな話を聞いていると、うぶ毛がなんともいとおしくなってくる。

このように、きれいになるということをちょっとまちがうと、感覚がたいへんに貧しくなってしまう。他人ともっと深く交わりたいがために身をきれいにしたはずなのに、逆に感覚が貧しくなるとは……。皮肉なことだ。

逆光でひとのうぶ毛がふわふわ、きらきら輝いて見えるのはすてきだ。まるで繭《まゆ》の表面のように奥行きたっぷりに見えることすらある。そよぐ風の感触、プルンとはじく水の感触、サクサクとしたクッキーの感触、身体ごとくるまったブランケットの柔らかい感触……どれもそういう奥行きのある表面にまとわりつくから起こる感触だ。

このごろ、服を選ぶときに、生地の感触で選ぶ女性が増えていると聞いた。服というのは、一日じゅう、わたしたちのからだの表面を気にならない程度にソフトに刺激するものだから、ちょうどウォークマンを装着して好きな音楽を活動のBGMにしているように、その日その時の生活感情のいわば通奏低音とでもいうべきものをなしているのではないかと思う。パジャマみたいなものを適当に着ているときと、スーツでビシッと決めているときとは、なんといっても行動の伴奏が違う。緊張感が欲しいときは、あえて下着を省略したり、ひんやりした感触の、それも皮膚に張りつくようなものを身につけたりする。じぶんの体表のすべてをビンビンの緊張状態に保っておきたいというわけだ。じぶんの存在が世界にダラーッと漏れ出ているようでは困るからだ。こういう拘束と密着のコスチュームの究極がスピードスケートのコスチュームであり、SMのファッションといえよう。

ミニが最初に登場した一九六〇年代に、情報学の先駆者マーシャル・マクルーハン(20)は、未来のファッションについて、こう予言した。電子メディアの時代の到来とともに、これまでのようにじぶんの存在を視覚的にいろいろにイメージするのではなく、身体のすべての表面で世界を呼吸し、聞くようなファッションが出現してくるだろうというのだ。脚で

(20) マーシャル・マクルーハン　カナダの情報・文化学者（一九一一―一九八〇）。テレビやラジオなど、視聴覚情報手段が新しい思考や感覚を生み出していると論じた。著書『グーテンベルクの銀河系』ほか。

空気を呼吸するミニ、皮膚に吸いつき、皮膚をひきつらせるボディ・コンのワンピース、そして最近のハイテクの極細の繊維でできたシャツやパンツまで、年を経るごとに、ファッションはマクルーハンの予言に近づいてきたようだ。

もしマクルーハンの予言どおりに事が進めば、ファッション雑誌とかファッション・ショーといった視覚中心のメディアは、ファッションにおいてこれまでほど重要な意味をもたなくなるかもしれない。衣服との、視覚よりももっと深い関わりというのは、まだまだわたしたちにはよくイメージできない。しかし、いくつか予感のようなものは、現在のファッションにもある。

まず、新合繊のテクスチュアの不思議な感触。天然素材のなかでもっとも細い繊維よりもはるかに細い繊維、絹の百分の一という超極細の繊維の感触は、これまで人類が経験したことのないものである。フェイク（模造品）のほうが天然の本物よりもこまやかで繊細な感触に触れさせてくれるのだ。未知のその感覚がそこからどのような美学を展開していくか、これにはちょっと目が離せない。

あるいはひょっとして、この感覚は、ぬいぐるみの毛のように、わたしたちの記憶の底でまどろんでいる幼年の無意識の触感を思いださせてくれるかもしれない。こういう新合繊ブームのかたわらで、古着の触感に心地よさを感じるようになっているのも、そのひとつの徴候なのだろう。

そうすると、「新しさ」よりも「記憶」ということのほうが、衣服において大きな意味をもちはじめる可能性がある。イメージやシルエットの新しさというのが、これまでファッション・デザインの命だった。それを、まるで時代をめくるようにして、次々と着がえていくのがファッションだった。ところが、そういうイメージやシルエットの新しさよりも、布地に縫いこまれている時間の澱《おり》、その厚みのほうがむしろファッションのポイントとなる可能性があるのだ。

もっともそれを新しい布で実現するというのは、矛盾である。機械でつくった新しい布では絶対できないことだからだ。いつまでも古着っぽいというところまでしか行けない。日本を代表するあるデザイナーも、たぶんそういう意味をこめて、「時間に嫉妬する」と語っていた。

しかし、新合繊の布は、本物ではないたんなるフェイクというよりも、むしろいままで存在しなかった布である。だれも触れたことのないテクスチュア、それがどんなリアリティの感触を、時間の感触をこれから生み出していくのか？　服を着るわたしたちはこれから、見た目の新しさではなく、新しいテクスチュアが可能にする未知のリアリティの感触により大きな関心を払うようになるのではないだろうか。

2 ファッション・アラカルト

音楽とファッション

そとは憂鬱なあめ。
きょうみたいな日はあれを聴くにかぎる……。

ファッションには音楽がつきものだ。たとえば六〇年代のビートルズ。この音楽はあの奇抜な髪型（マッシュルーム・カットやインド風の長髪）とコスチュームを離れては考えられない。ファッションとしてのビートルズ、その刻々の変化を全世界が注視した。ひとつアルバムが発表されるごとに、世界のファッションがごろっと変わった。

モッズ[1]やパンク[2]やグランジ[3]もそうだった。あるいはテクノ、マドンナ、あるいはビジュアル系のバンド。要するにテレビ時代のミュージック・シーンは、音楽だけでなく、独特のメイクやコスチューム、それに身ごなしというふうに、トータルなファッションで構成される。そしてひとびとはそれに感応し、それを模倣しながら、街に集ってくる。

なぜ音楽はファッションと結びつくのだろうか。なぜ、声やリズムと、身なりや身ごなしとは連動するのだろうか。

あるいは、きょうはオシャレにいこうというときに、なぜ、こんな食事にはこんな音楽を、あんな空間にはこんなＢＧＭを、と思うのだろうか。

音楽は、その響きに浸るひとをうっとりとさせたり、その心をやさしくほどいたり、はげしく煽ったり、妖しく誘ったりというふうに、わたしたちのいろいろな感覚を深い情動とともに揺さぶる。ひとは失意のなかで瞳を濡らしながらメロディを口ずさむこともあれば、じぶんでも知らずにうきうきとハミングしていることもある。からだの各所でリズムを刻んでいることもある。

（1）モッズ　モッズ・ルックのこと。モッズは moderns の略。長髪、派手な花柄のシャツやネクタイ、ベルボトムの背広など、一九六〇年代半ばにロンドンで起こった奇抜なファッション。

（2）パンク　パンク・ファッション。一九七〇年代半ば、ロンドンのロック・バンドのコスチュームからはやりだした過激なファッション。髪を染めたり、立てたり、安全ピンなどの金属をアクセサリーにする。

（3）グランジ　破れたり、色落ちした服を重ね着すること。グランジ・ロックのコスチュームが起源。

ハードロックをライブで聴くと、音の重量が骨にじかに響いてくる感じがするし、テクノの音の粒は神経をじかに叩くような気がするし、生ギターのつまびきは、ささやくように、あるいはなでるように、皮膚に触れてくる。

音楽はこのように、わたしたちのさまざまな感情、さまざまな身体感覚にじかに働きかける。そしてからだをうずうずさせたり、運動を促したりする。だからこそ、それは服を着たときの布地の肌触りや風合いの感じとも深く連動するし、身を置いているその空間の気配や雰囲気ともなじみあったり反撥しあったりもする。

音楽とファッション、この二つは、わたしたちがからだを動かすときにいちばん気持ちいい感受性のモードのそのモデルを、つねに「いま」という時点で提示する。それらはわたしたちの生活を、ある心地いい感受性のスタイルの上に「乗せて」くれるのだ。

からだにじかに装着する音響機器「ウォークマン」の出現は、音楽とからだの動きや気分の揺らぎとをより密接に結びつけるだけでなく、都市空間というものの感じ方、住まい方をも確実に変えた。わたしたちと世界とが接する界面である皮膚を、音楽で震わせることによって。

スポーツとファッション

相撲、水泳、剣道、そして、駆けっこ。これらは儀礼や修練、修行として、あるいは遊びとしてはじまった。それらは、（遊びをもふくめて）作法のひとつとして磨かれてきたものであって、第一に記録の競争、第二にからだを鍛えることを、目的としてなされたものではない。

ということは、現代の「する」スポーツは、逆に、数字や成績というものと深く結びついているということだ。速度や距離、あるいは体重や体脂肪値。最高の数字にもっていく、あるいは標準値・理想値に近づけてゆく。つまり、そのかぎりで現代のスポーツは人体や健康についてのさまざまな「幻想」に憑《つ》かれて、からだとはいいながらひじょうに「観念的」なものになっている。

八〇年代のフィットネス・ブーム真っ盛りのときに米国でおこなわれた調査によると、ひとびとが健康を意識して運動に励み、低脂肪の食事をとるようになった八〇年代半ばのほうが七〇年代の初めよりもはるかに、じぶんのからだへの満足度は低下したという。ひとはからだを意識すればするほど、「これではいけない」と不安に駆られるようになるのだ。

ファッションの意識がそれに輪をかける。「美しい」シルエット、贅肉のない「スリム」な身体、めりはりのある「セクシー」な身体……。ひとびとのからだは、まるで透明皮膜に包まれるように、そのような身体イメージで被われる。見られ、デザインされ、鍛えられるオブジェとしてのボディ。

だが、スポーツはときに、そのような皮膜を破いてもしまう。からだが運動することによって、からだは内部から変容させられるからだ。

筋肉の緊縮と弛緩の激しい交替、他のからだと共振しとっさに〈対〉として動く感覚、瞬発速度の感覚、酸欠状態、体温の急激な変化、他のからだにぶつかるときの衝撃、疾走し跳躍するときの空気の密度の変化、ぐらっと揺らぐ平衡感覚、皮膚に張りつく濡れたコスチューム、制限された皮膚呼吸、分泌の活性化、開口部の充血、筋肉の引きつり、痛覚と温感、視覚と内臓感覚の思いがけない交差……。こうしたなかで身体感覚が一種の混乱と眩暈《めまい》の状態にいきなり投げこまれる。

つまり、からだが、教えられ、習い覚えてきた所作の型から溢れ出るのだ。社会のなかでわたしたちが「着こんできた」身体所作、その型を脱ぐ行為としてもスポーツはある。思いがけないからだの運動が、からだの思いがけない感覚を引き起こし、その感覚を通してあらためて世界とかかわる。たとえばスキューバ・ダイビングの快感というのもそういうところにある。スポーツがもたらすカタルシス効果は、そうした身体運動の速やかなチャンネル変換にあるようだ。

スポーツは、深い忘却の淵に沈められた〈からだの感覚〉をいろんな次元で甦らせる。

食とファッション

食とファッション。それらはともにからだを悦《よろこ》ばせる。からだの感受性を飾る。味覚と触感。口（唇と舌と口蓋）の感覚と皮膚の感覚。ともにからだの表面に泡だつものなので、その感受性はしばしば共通の語彙で表現される。ざらざら、つるつる、ふわふわ、べたべた、ぱりっ、しゃきっ。同質の感覚がざわめくのである。

食とファッションといえば、まずはディナーに着ていくスーツやドレス、あるいは高級料亭やレストランのインテリアのことをすぐに考える。しかし、その関係をいわば内側からみれば、このように肌理《きめ》、つまりはテクスチュアの感覚のほうからつなぐこともできる。よく人体は口と肛門を両端とするチューブにたとえられるが、それを太く短くするとドーナツのようになるわけで、すると歯ごたえ、舌ざわり、喉ごし、嚙みごこちはドーナツが内側へとまわりこむあたりの触感、服は同じドーナツの外側の触感だということになる。ふたつの感覚は地続きなのである。

最近は、この内側からの感覚をからだの表面に沿って水平にではなく、からだの表面を貫通するかたちで表面にたいして垂直に考えるようになった。人体の内と外とを横切るかたちでだ。

幸福とは口に出るものである。鼻歌を歌う、舌なめずりをする、いつ果てるともなくおしゃべりに興ずる、しゃぶったりなめたりいつまでも肌をいつくしむ……。ということは、不幸もまたしばしば口に集中して出るということだ。物が食べられなくなる、言葉が出なくなる、鼻歌が出ない、喉が渇く……。からだが苛《さいな》まれるのだ。物が食べられなくなる、言葉が出なくなるというのは、いわば外部を拒絶すること、つまりはじぶん以外のものとの接触や交通を拒絶することである。おのれの開口部をとつぜん遮蔽してしまうのだ。

ファッションにおいては反対に、衣服がからだをきちっと包みこむのではなくて、からだにめりこんでくる。たとえばピアスでからだに孔《あな》をあける。髪を染め変える。刺青《いれずみ》をする。あるいは、からだをそっくり締めあげる痩身術。このようなしばしば苦痛さえともなうファッションは、本人がそうと思っているかどうかは別として、あるどうしようもない困難に、あるいはひどいやるせなさに、駆られているという面があったはずだ。あったはずだ、と書いたのは、いまではそういう、やむにやまれぬ衝迫がこの行為からは消え去って、あのひともしているから、といったただの流行に緩んでいるからである。

そういう意味で、気をそそるのはいつも、生まれかけのファッションなのである。それもからだにめりこむようなファッションなのである。ダイエット、フィットネス、Tバックからピアス、茶髪、ネイル・アート、眉剃り、顔《がん》グロまで。生まれつつあるボディ・ファッションに込められたものは、たぶん異様なまでに濃かった。他の媒体では表現できない、封じこめられたあらゆる想いを、じぶんのからだにめりこませるようにして、一点集中的に凝縮して表現していたのだろう。

そういえば、統合失調症の子どもは「からだにいっぱい孔があいている」と訴えることがあるという。

建築とファッション

ジャン・フランコ・フェレ(4)やロメオ・ジッリ(5)がそうだし、日本ではビューティビーストの山下隆生(6)がそうだが、ファッション・デザイナーには建築学の出身のひとがときどきいる。鉄筋コンクリートの建築と柔らかい繊維のファッション。材質は正反対だが、両者が近いのは、建築設計もファッション・デザインもともに身体空間を演出するものという共通点をもつからだ。

布で身を囲う、壁で身を囲う。確かにそうはいえる。まるで赤剝《む》けになったような膚を

(4) ジャン・フランコ・フェレ　イタリアのファッション・デザイナー(一九四四―)。ミラノ工芸大学で建築を学ぶ。一時クリスチャン・ディオールのチーフデザイナーを務めた。構築的なデザインが得意。

(5) ロメオ・ジッリ　イタリアのファッション・デザイナー(一九四九―)。建築家志望から転身し、ほとんど独学でファッションを学ぶ。少女のような少年のような、独特なナイーヴさを打ち出す。

(6) 山下隆生　ファッション・デザイナー(一九六六―)。独学でデザインを学び、ビューティ&ビーストを創立。一九九四年、パリ・コレクションにデビュー。斬新なアイディアとドラマティックなショーで話題を博す。

さらして生きる人間には、被膜がいる。防御の囲いがいる。だから衣服と建築を、からだのもっとも近い囲いと、中間距離の囲い（あるいは家族というからだの囲い？）として、それら衣服と建物を類比的に考えることもできるわけだ。

だが、皮膚、衣服、建物というふうに、肉の塊としてのからだを包む被膜をからだに近いほうから順に考えるというのは、からだを空間のなかにあるひとつの物として考えたときの話だ。そう、まるで外部からの観察者のように。しかし、わたしたちはからだを観察するものである前に、まずからだとしてある。そのからだのある場所に、である。

能で面をつけることについて、土屋恵一郎[7]さんがとてもおもしろいことを書いている。面をつけると裸になったような気分になるという感想を聞いたことがあるが、面をつけるというのはじぶんの視野のうちからじぶん自身の姿を消すことだ。面をつけたとき、ひとはそのからだを剝《は》ぎとられ、観客の視線のうちに漂いはじめる。からだは物としては消え、その位置も定かではなくなって、とても不安定な状態になる。「能の独特の身体の構えは、この不安への構えである。身体感覚の浮遊をしっかりと支えるものとして、能の構えはつくられている」というのである。

しかし、ここで面はほんとうはわたしたちのからだなのだ。わたしたちはからだでありながら、そのからだはじぶんの視野にほとんど入ってこない。そういう定かではないものとして、からだとしてのじぶんの存在はある。そういう不安定な状態のなかでわたしたちはある構えを取る。「構えのうちで内側から力の束のまわりに身体の中心を組織しなおして、その受動態を押し返していく」のである。

こういうからだの「押し返し」と連動するものとして衣服があり、建築がある。物としてみれば、からだと衣服の関係とからだと建築の関係とは、ほぼ並行した関係にあるのはすぐにわかる。帽子と軒のひさし。夏にきものが皮膚に汗で張りつかないように僧侶が装着する竹編みの下着と、木造の家屋で夏に襖《ふすま》を開け放ち、庭に水打ちをして室内の空気を移動させる工夫。妖しげな下着の存在と、奥まったほの暗い空間。あるいはこんな対比も。たとえば一方に、居住空間の内部と外部を壁で厳重に仕切る洋風建築とからだを隙間なく梱包する洋服、他方に、取りはずしのきく建具で内部と外部を通わせる和風建築とからだとの隙間にある空気が重んじられるきもの。からだの構造に家具のほうを合わす洋風家具（たとえば椅子）とからだを家具のほうに合わす和風家具（たとえば座布団）。

だが、ほんとうの問題はおそらくそういうところにはない。問題は、不安定なからだのあの「押し返し」の構えと連動するような衣服の作用、建築の作用だ。からだというありかたで〈わたし〉が挿入されているその空間の密度や強度、〈わたし〉が浸されているその

（7）土屋恵一郎　明治大学法学部教授（一九四六―）。ベンサムが専門の法哲学者。法思想史に文化論の視角から光を当てる一方、能やダンスの鋭い評論も書く。著書に『社会のレトリック』など。

空気の気配や感触、そしてそれらの力線を設計することだ。ファッション・デザインも建築デザインも、空間のデザインなのであって、物のデザインなのではない。

インテリアとファッション

インテリアにも流行がある。

たとえば八〇年代、打ちっぱなしのコンクリートの壁に木の床、そして黒くてシンプルな棚というのが、DCブランドのブティックやカフェ・バーのスタンダードになった時期がある。そこでは、ひとの雰囲気、場の雰囲気を決定する感受性のモードが、個々の物品の完成度よりも重視された。こういうムードある空間に身を置きたいという、いわば都市の皮膚感覚がデザインされたのだ。

ファッションやモードというと、だれもがすぐに衣服のそれを思い浮かべるが、現代ではモード（流行）という現象に巻きこまれないものはほとんどなにもないといっていい。歌謡曲や自動車の流行は明確だし、化粧品や嗜好品の流行もけっこう早く交替する。そしてインテリアやエクステリア。

これらの共通点というのは、からだの環境を構成するものだということだ。からだにもっとも近い環境はもちろん衣服であるが、身のまわりのグッズや家具、インテリアもまた、わたしたちがそこに身を挿入する身体環境である。

いやからだそれじたいが、わたしたちの環境そのものであるといってよい。だからこのごろは、スキンケアやデオドラントや体内の浄化（自然食品や禁煙・禁酒）というふうに、環境意識は皮膚や内臓にまで及ぶようになっていて、それがまたモードとして流通するわけである。〈環境〉もすぐにモード化するのだ。

身体環境といえば音もある。からだもまた音をたてる。その音がまた環境を演出する。言葉であり歌である。流行歌や流行語も、音の肌理《きめ》やリズムでわたしたちの空間のモードを決める。

ファッショナブルとは、かっこいい感受性のモード（気持ちよくてしびれるモード）のことである。そしていま、ファッショナブルは肌理（テクスチュア）の感覚というレベルでもっとも鋭敏に、微細に感じとられているようだ。服の場合なら素材の装着感（着ごこち）、食品なら口にふくんだときの触感（歯ごたえ、舌ざわり、喉ごしの感覚）、日用品や壁ならその表面や生地のさわりごこちといったぐあいにである。

テクスチュアへの感受性というのは、物だけでなくひとにも向けられる。被災地や介護施設でのボランティアというのも、援助という以上に、他人の前に顔を差しだし、他人の存在の感触にふれる経験という意味を強くもっているように思う。

こういう皮膚感覚を至近距離で画像化している写真がこのところ元気だ。からだの傷跡を撮る石内都、顔をカメラを押しつけるようにして撮る山内道雄、性器や花を至近距離で撮る荒木経惟、友だちを真横で写す長島有里枝。彼（女）らはものの意味を構成する適度な距離をほとんど否定するくらいに近くによることで、ものからその意味をはずし、その存在の触感だけを胸苦しいばかりに浮上させる。色を消すことでその効果はさらに増す。みな、すごみのある作品だ。「触覚写真」とでも呼びたいところだ。

家具とファッション

チェアと座布団の違い、ソファと床几《しょうぎ》(8)の違いというのがおもしろい。

チェア（椅子）は人体の形にそってデザインされていて、からだをいちばん楽に支えるような構造になっている。ソファもまるで人体をそっくり柔らかに包みこむような形になっている。からだをそこに納めればいいのである。

それに対して、床几も座布団も床の代わりのような、無愛想な平面である。ひとはとりあえずそこに臀部を置き、あとはじぶんで身を支えなければならない。そのうち背骨が痛くなってきて、前かがみになったり、後ろ手をついたりする。

日本人は椅子に座ると足がぶらぶらして落ちつきをなくす。西洋人は畳の上で座布団に座ると足が邪魔になり、しびれも切れて、困りはてたような顔をする。

要するに、椅子はからだに合わすというかたちでその構造が決まるのに対し、座布団は人間がそれに身を合わせるのだ。

笛だって、そう。フルートは指の構造に合わして補助ペダルのようなものがいっぱいついて、それで音を確定するが、尺八や木笛は唇と顎のあんばいで音を調整する。

服についても同じことがいえる。

「東洋の衣服はそのほとんどが、西欧のそれのアンチテーゼである」というB・ルドフスキー(9)は、その著『キモノ・マインド』のなかで、こんなふうに述べている。

「東洋の衣服は体の線を考慮に入れないのに対し、西欧の衣服は、解剖学的見地からつくられている。細かく象《かたど》られ、芯《しん》を入れ、着る人の姿そのもののような空洞の鋳型といった案配だ。使われないとき、それらの衣服は洋服簞笥の中でまるで縛り首になった人形のような恰好でぶらさがっている」。

そう、西欧のクチュリエ（婦人服デザイナー）にとって、布という平らな二次元の材料であの複雑な凹凸のある人体をいかに隙間なく密封し、ラインも魅力的に造型するかが、腕の見せ所である。だからオートクチュールでは、ひとりひとりの体型に合わせて仕立てるのだ。

(8) 床几　細長い板に足をつけただけの、簡単な腰掛け。

(9) バーナード・ルドフスキー　建築家・建築史家、批評家（一九〇五―一九八八）。一九五八年、ブリュッセル万国博でアメリカ館を設計した。都市、建築、工芸、衣服など、多彩な方面で機知に富む評論活動を展開してきた。著書に『みっともない人体』『建築家なしの建築』など。

きものはどうか。きものはそっけないくらいに簡単な構造で、だれもが同じ形のものを着る。ひとはそれに合わせて着こなさないといけない。裾さばき、帯の締めぐあいに個性が出るのである。そのかわりにくつろぐときはゆったりと、働くときはきりっと、というふうに気分や体調で着方を変えることができる。たたむと極薄の長方体になるので、しまうにも便利だ。

こうしてからだと衣服の関係、からだと家具の関係を見てくると、要するに思想が違うということがわかる。からだについての思想が、である。

そこで、応用問題。食べものに話を移して、フライと天麩羅は、同じ揚げものにしても、どのような思考の違いから、ああした差がでてくるのか。じっくり考えてみよう。

テレビとファッション

ストリート・ファッションのメイン・ストリームはいま、ほとんどテレビが発信するものに共振している。トレンディ・ドラマや歌番組、ビデオ・クリップ、バラエティ・ショー、そこに次々に現われるタレントやシンガーのファッション・トレンドが、そのまま若い世代に感染してゆく。他方、ストリートの過程で、だれかれからともなく突然変異のように発生したファッションが、テレビでおもしろおかしく取りあげられる。どんな小さなグループの異変も探りだされる（たとえば宮崎県だったかの、高校の宣伝入りの安物タオルを顎に巻く高校生ファッションも)。さも、そこに深い意味があるかのように。あるいは、あると思いこんでいるふりをして。そしてそれをまたコピーするひとたち。どんな細部のファッション情報も、あっというまに全国に流れてゆく。まちとテレビはいつも共犯している。

新聞やファッション雑誌などとくらべても、テレビが流すイメージ情報はそれらをはるかに凌駕する。なにしろ読む必要も、見る必要さえもなく、ただ像や音として流れてくるのであるから、お手軽である。それだけで「空気」に触れてしまう。わたしは「顔グロ」もスケルトン・ブームもテレビではじめて知った。

露地とか町内の組といった小さな共同体がほとんど消えて、いまではテレビがその井戸端会議の代わりをしている。噂話に世間話だけではない、奇譚、恐怖譚のたぐいまでが、つまりは町の表と裏がぜんぶテレビを媒体として流れる。まるで日本人の生活がみな文字どおり同質の神経でなりたっているかのように。だから在邦の外国人も帰国子女のひとたちも、この国の生活になじむのにこの国の歴史を知る必要はない。テレビというこの国の「世間」を、その「空気」を、知るだけで充分なのだ。

ファッションの不思議のひとつに、みんなとほぼ同じでいたいけれど、まったく同じであるのはいやだということがある。ほぼ同じということが〈わたし〉という存在を可能にし、まったく同じということが〈わたし〉という存在を不可能にする。じぶんが他のひとと同じように成形されていないと不安になるので、まわりを、テレビという「世間」を意識するが、まったく同じだとたがいがたがいの鏡像となって「じぶん」ということがなりたたないので、ぜったいひとと同じだといやだということになる。だから流行というものから眼が離せないのだ。これはファッションの鉄則である。

だからパンクであろうがグランジであろうが、ピアスであろうが金髪であろうが、いかにそういう社会の外部に出ようとしても、すぐに「モード」のなかにきれいにのみこまれ、「近ごろのはやり」ということにされてしまう。「モード」はなんでも「はやり」として萎えさせられるのだ。こうして流行はだんだん短くなる。必死で「はやり」から逃れようとして、だれもしていない新奇なスタイルをもとめるからだ。逃れようとして逆に、「はやり」を過剰に意識してしまう。

悪循環である。そういう閉じた世界にわたしたちのほとんどが生きている。世界を閉じるのでなく、世界を開くようなテレビのあり方というものを構想しなおす必要がある。そうでなければ、いちどテレビのスイッチを切ることだ。

自然とファッション

かつてからだの化粧は、自然を模倣するものであった。自然のなかにあって自然と拮抗しようとするものであった。鳥の羽や獣の皮で身を飾り、花や蝶たちに負けないような鮮やかな色を膚に塗りたくった。

身をすっぽり被うような衣服の文化を生みだすとともに、衣服は第二の皮膚となった。そうすると、皮膚のすぐ外側という、本来からだの外部である場所が、衣服の内部、ということは〈わたし〉の秘密の内部となって、そこに手を入れられるだけで不快な気分になる。服をあらわにすることがじぶんをむきだしの無防備な状態に置くことになる。個人の表面が皮膚から衣服の表面へと移動することで、感情のあり方まで変わってしまったのである。

皮膚は皮膚のコピーをつくることでこの新たな皮膚のうちに立てこもったのである。かわりにこのコピーが、たとえばからだに切れ目を入れたり、見え方を変えることで、身体に新しい意味づけを与えることになった。みっともないからだの外見をエレガントに演出するとともに、逆にこんどは、衣服からのぞくボディが、むきだしの裸体よりはるかに誘惑的な秘密のボディとなったのである。こうして裸体よりももっと魅惑的なヌードが生まれた。衣服という装置によって。

「たしかなのは、コピーをつくることによって文化というものが生まれてきた、ということである。文化というものは、あるものをA地点からB地点へ移すところから生まれる。移動がなければ文化というものは生まれてこない」（多田道太郎[10]）。布へと移された皮膚。この皮膚は、習慣が「第二の自然」と呼ばれるように、「第二の皮膚」とよばれてきた。

コスチュームとカスタム(習慣)が同じ語源からきているのも、そういうわけなのである。

生まれたときにいろんなニュアンスをもっていた発声が、特定の母音・子音の組みあわせでできた言語へとその構造を変換することでもとの自然的な発声を忘れるように、わたしたちはけがをしても「ぎゃあ」と声をあげずにとっさに「いたい」と叫ぶ。文化という次元をみずからの存在のなかに築きあげたわたしたちには、もはや純然たる自然などというものはない。アウトドア派とか自然派というけれど、かれらがRV車で出かけるのはキャンプ場であり、自然公園なのであって、そこでカジュアルなルックに身を包み、缶詰をあけてショップで買った燃料で調理をするのである。「自然」もまたわたしたちの文化のなかにある。「自然」はここではイメージに還元されているのである。

一時期、エコ・ファッションというのが流行したことがあった。暖色系のくすんだ色がアース・カラーとしてもてはやされ、動物保護の意識から人工スエードやフェイク・ファーが人気商品になった。ここに思い描かれているものもまたイメージとしての自然であって、血や唐がらしの鮮やかな赤、硫黄やひまわりの焼けつくような黄、空や瑠璃の深い青はそこにはない。イメージとしてのエコロジーは、自然に穏やかなイメージのオブラートをかけて自然と共生したと思わせる点で、むしろ自然を見くびる反エコロジカルなものである。

そんな暇があったら、わたしたちはむしろ、わたしたちの自然(人間性のことを英語でヒューマン・ネイチャー、つまり人間の自然という）、たとえば自然どころかじぶんたちの同胞をも平気で殺戮してきた人間の忌まわしい「自然」（本性）や、ピーチ・スキンという天然素材には存在しないような極細の繊維を生みだすことで人間の感覚に新しい領野を開いたテクノロジーの可能性にこそ思いをはすべきだろう。自然はわたしたちが思っているよりはるかに懐が深い。

宗教とファッション

僧侶の衣裳は、華麗なものも質素なものも、どれもよく目立つ。法王の衣裳、司祭の衣裳、尼僧の衣裳、修行僧の衣裳。それらは身をそっくりくるむほどに隠し、黒や白、黄色といったきわめてシンボリックな「異色」を好む。そして剃髪をはじめとする非凡なヘアスタイル。この世の日常を捨てたひと、この世を超えた世界にかかわるひととして、俗人とはことなる〈異形〉の存在であることが、外見からしても一目でわかる。

しかしその〈異形〉の存在にも、明確な構成のルールがある。衣のかたち、色、合わせ方、数珠など、あらゆる細部に宗派ごとの特徴があり、それが別の宗教集団との差異のし

（10）多田道太郎　フランス文学者、評論家（一九二四―）。京大名誉教授。かつて現代風俗研究会を主宰し、風俗学、生活美学を提唱。著書に『複製芸術論』『しぐさの日本文化』『遊びと日本人』など。

るしにもなっている。つまり、それは制服の典型でもある。

要するに、〈異形〉であるかぎりにおいてこの世界の外部と通じ、制服であるという点でこの社会の内部の一特殊集団であるわけだ。

外見という視点からすると、衣裳と宗教の関係は以上のようにみえる。だが、衣裳は見るものであると同時に、着るものでもある。では、衣服をまとうという行為、化粧をするという行為は、どういう意味で宗教とつながりがあるのだろうか。

世界というのはわたしたちの理解を超えている。そしてその一部であるわたしたち自身もわたしたちの理解を超えている。そういう不可解なもの、超自然的なものと交わるひとつの技法としておそらく宗教はある。解脱とか救済といったいかにも宗教語といった言葉があるが、これも解脱は自己を自己自身からできるだけ遠ざける技術であり、救済は自己と異なるものを内に呼びこむ技術だと考えればわかりやすいと教えてくれたのは、宗教学者である友人、植島啓司(11)である。

宗教は、見えないものに包まれてまるで夢みながら生きているような生活のなかで、「すべてのものを緩やかに結びつけてしまう連想の技術」なのだと彼はいう。教養というのもたぶんそういう連想というか解釈のひとつであろうが、もっと興味深いのは、世界を解釈するというよりも、じぶんをそっくり世界の側に委ねてしまう、あるいはじぶんが世界に誘拐されてしまうというエクスタティック(脱自的)な技術のほうだ。

宗教はじぶんを超えた何ものかへ向かって回路を開く技術としてあるのであり、宗教に修行や瞑想、舞踊や香道といった身体訓練、感覚訓練がともなうのもそのためだ。じっさい、みずから恍惚状態のなかに入るために、宗教儀礼では習慣的な生理のリズムからじぶんをはずす試みがなされる。断食や不眠、性的な禁欲、あるいは異様な香りや音、あるいはダンスによる身体運動の執拗な反復。そういう感覚の揺さぶりのなかでひとは恍惚や陶酔という、世界にじぶんが拉致されるような状態のなかに入っていく。

ファッションにもほぼ同じことがいえる。ファッションにはひとともにこの世界の内部に深く入っていく制服という面がかならずあるが、同時にファッションはひとをその世界の外部に連れ出そうとする。別の存在になろう、とひとびとを誘惑するのだ。それを意識においてというより、からだの外から内から、つまり視覚や皮膚感覚など全感覚をとおしておこなうのだ。〈変身〉の技法としてである。

いまでこそナチュラル・メイクとかいって、素顔を演出するかのような化粧法が主流であるが、もともとメイクというのは非日常の異装であった。美顔術ではなくて、鳥や獣や霊になるまさに変身とエクスタシーの技法、呪術的な技法としてあった。だから宇宙的

(11) 植島啓司　異色の宗教人類学者（一九四七―）。耽溺という視点から宗教とエロティシズムを横断的に考察する。著書に『男が女になる病気』『分裂病者のダンスパーティ』など。

〈コスミック〉と同じく「コスモス」を語源とするコスメティックという名で呼ばれてきたのだ。

現代のファッションは服装や化粧が、じぶんとは別の存在になるという、そういうコスミックな〈変身〉の媒体であることをやめて、じぶんの別のイメージを演出するというただの〈装い〉の手段へと、みずからの力を削いできた、ただそれだけのことだ。そのぶん、ファッションと宗教の関係は見えにくくなっているが、もともとはファッションと宗教はほとんど同質の身体パフォーマンスとしてあった。

性とファッション

じぶんがどのような性であるか、それを意識するときに、身ぶりとか身なりが大きな役割をはたしていることは、だれでも知っている。

下着をつけるとき、スカートをはくとき、化粧をするとき、あるいはズボンをはくとき、ネクタイを締めるとき、髭を剃るとき、ひとはじぶんの性をいやでも意識する。普段はそれをとりたてて特別なことと思わないが、たとえば黒いストッキングをくるくるっと巻きあげているとき、ふと、なんでこんなことをしているんだろうと不思議な気分にならないひともまたいないだろう。

実際、子どものころから、じぶんにあてがわれた〈おんな〉というセクシュアリティがどうもしっくりこず、絶対にスカートははかない（はけない）、ひらひらフリルのついたブラウスは着ない（着られない）という女性も、少なからずいる。そういう違和感が歳とともに高じて、やがて男装を好むようになるひともいる。もっと高じて、性転換手術に踏み切るひともいる。

そこまで行かなくても、たとえば友人の結婚式に参列するために、凝ったメイクをし、いかにも麗々しいドレスに身を包むとき、現代なら多くの女性はきっと、まるで女装しているような気分になるはずだ。

少なくともその形態からいえば、衣服の性差は、男女の実際の身体構造の差よりはるかに大きい。そして衣服の性差は、身ごなしの性差に大きく影響する。椅子に座るとき足を閉じるか開くか、畳に座るとき横座りになるかあぐらをかくかというふうに。そしてこうした身なり、身ごなしの差が、ひとりひとりの性意識を、あるいは性関係を具体的に象《かたど》っていく。

どんな時代にも多くの男女がこうした社会的な性規範に沿って、それらしくじぶんの性的イメージをかたちづくっていくのだが、性意識に深い変動が起こりかけている時代には、ひとはまわりから期待されるその服装にだんだんギャップを感じていく。さっきもいったように、今日の女性がいかにも女性らしい衣裳に身をくるんで、ああいまじぶんは女装しているんだなと感じるのも、そういうわけである。

もちろん、こういう自己演出は状況に応じてしかたなくすることもあれば、誘惑の戦略として積極的にする場合もある。女性の場合なら、スリットの入ったセクシーな服装で男性をうずうず、びんびんさせたり、くねくねしたしぐさ、甘ったるい表情でおもねってみたり……。逆に〈おんな〉らしさを削ぎ落として、とことん男っぽい服装をすることもある。もっともこの場合には、イメージのちょっとしたずれが逆に女性らしさを鋭く際立たせてしまいがちだ。多くの女性はそのことも計算に入れて、黒いパンツや革靴を履いたりする。なかなか一筋縄ではいかないのである。

数年前のことだが、コム・デ・ギャルソン(川久保玲)[12]に「フェミニティの消滅が木漏れ日のようにちらつくなかでのフェミニティの予感」と銘打ったレディース・コレクションがあった。服の半分はいわゆるどぶねずみ色の背広で、最後の婚礼衣裳では男性用のモーニングを着こみ、コートとズボンのあいだにふわっと大きく膨らんだレースの巻きスカートのようなものをつけていた。女性の属性も男性の属性も、かっこいいものはみんな採り入れるといった潔さがそこにはあった。そのとき、マヌカンたちがなんと色っぽく見えたことか。

性意識とファッションの共犯関係は根深い。それに深く傷ついているひとも少なくない。が、それはまた男女のあいだでの軽やかな騙しあいのゲームでもあるのだ。

加齢とファッション

壮年時代は豊かな老後のためにがんばって働く。老後を迎えれば、いまじぶんがこうして豊かな老後を過ごせているのは、若いときにがんばっておいたからだと満足する。こういう生き方は、本人の思いとは反対に、じつはもっとも貧しい生き方なのかもしれない。

ここでは現在がいつも、不在の未来、不在の過去と関係づけられてはじめて意味をもつ。「豊かな老後のために」、あるいは「若いときにがんばっておいたから」……どちらも現在は現在でないものによって意味づけられる。現在がそれだけで輝いてはいないのである。老後には、職場での義務から解放され、親の介護も終え、やっと時間がぜんぶじぶんのために使える「時間貴族」になれるはずなのに、実際には時間をもてあましたり思い出に浸ったりするというのは、淋しいことだ。世にいう「まじめ」なひとほど未来への準備をきちんとするので、老後という、さらにその先を考えにくいライフ・ステージではじぶんのしていることに意味を見いだすのが難しくなる。

世にいう「ふまじめ」なひとは、若いころから仕事一筋ではなく、趣味や遊びや交遊に

(12) 川久保玲　ファッション・デザイナー（一九四二―）。慶応大学文学部哲学科卒業後、メーカー勤務、スタイリストを経て、一九七三年にコム・デ・ギャルソンを設立。八一年にパリ・コレクションに進出。若いデザイナーやアーティストにもっとも深い影響を与え続けてきたデザイナーのひとり。

も熱心なので、そのひとつが減ったところでへこたれない。人生を一本の線と考えないから、そのつどオール・オア・ナスィングの選択を迫られたりしない。だから時間ができるとむしろ解放感にひたる。そういうひとは、会社勤めの地味な背広からも解放されて服装もあかるいものになる。

漁夫生涯竹一竿とか生涯一捕手などといった教訓もあるが、そういう「あれかこれか」の人生ではなく、「あれもこれも」という人生もありうるのではないだろうか。そういう人生を送るひとは、ずっと服装に関心をもちつづける。時代の空気にアンテナを張りつづけている。

このあいだも一流ホテルのブランド店に、家族につきそわれ車椅子で服を探しにきておられる、おそらく八十代後半の男性老人を見かけた。そういうひとは、若いひとたちをうらやみはしない。じぶんを若く見せようともしない。若いひとをうらやむひとは、たぶん若さにそなわる活動的な生産性をうらやんでいるのだろうが、これからなにかを生みだす可能性をもとめても虚しいことは、じぶんでも気づいているはずだ。

若づくりのメイクをする女性は、じぶんが生きているその時間の経過を衰えとか下降とか減退としてしか意識しないのではないだろうか。だから時間を凍結してしまおうと、まるで防水加工のような濃いメイクをする。しかし美しい顔やからだというのは、ほんとうは時間を消去されただれのものでもない顔であり、からだでしかないのではないだろうか。

時間の悶《もだ》えも悲しみも漂っていない顔、それほどやつれた顔はない。

ファッショナブルというのは、いまを過去や未来のために犠牲にしない生き方のことだ。だからそれぞれのライフ・ステージにそれぞれのファッショナブルがあるはずだ。加齢を隠すメイクや服装ではなく、おのおのの年齢を輝かせるもっと多様なファッションがあっていい。ぴんと張ったつるつる、ぴかぴかの膚もいいが、小じわが刻まれ、時間の深さを鏝《こて》光りのように鈍く輝かせる膚もいい。こだわりなくそう感じられるような感受性を取り戻さないと、加齢はいつまでもくすぶったままだ。

民族とファッション

「なにを一国の国風と認むべきかは、そうたやすく答えられる問題ではない」。これは民俗学者の柳田國男(13)の言葉である。

たしかに日本人ほど、みずからの民俗衣裳をあっさり、速かに脱ぎ棄てた国民はなかろう。現に和服《きもの》を販売しているひとですら、きもの姿で仕事をしているのをめったに見かけない。きものはあきらかに非日常のお召しものになっている。しかし、だからといってそ

(13) 柳田國男　民俗学者（一八七五―一九六二）。民間伝承の研究、民俗学研究所の創設など、日本の民俗学全般にすぐれた業績を残した。著書に『遠野物語』など。

れは洋服にそっくりとって替わられたわけでもない。たとえばきものの下にシャツを着たり、袴の下にブーツを履いたり、ズボンに下駄を履いて帯を巻き、そのあいだに手拭いを挟んだりというふうに、洋服を採り入れるにも、はじめから日本人ならではの変更がいろいろ加えられていた。西洋の服装の文法からすればさまざまな逸脱や違反と見なされるようなことが、いろいろあった。

さて、ハレの衣裳、儀礼での衣裳でなくひとびとが日常に着る衣服ということになれば、いまこの地球上のほとんどすべての地域で着られているのが「洋服」である。男性なら背広やTシャツ、ジーンズ、女性ならワンピースやスカートなどである。ちなみに男女の性差が服装によってこのように強いコントラストのもとに置かれるのが、いわゆる洋服の特徴だ。西洋という、ユーラシア大陸の西端、ヴァレリー(14)が「岬」と呼んだこの地域で長い歴史をかけていわば完成された背広やワンピースが、いまでは世界中のひとに着られている。いってみれば洋服はグローバル・スタンダード化したのだ。ある特定の〈文化〉のなかで育まれたものが、現代という〈文明〉をかたちづくるベースのひとつになったのである。

ところで、衣服を替えると、身ぶりや姿勢、ふるまいの型といったものも変わっていく。歩き方や座り方、姿勢のくずし方や後ろの振り返り方、裾さばきや手指のしなり方も変わっていく。たとえば、柳腰やおくれ髪、抜き衣紋や左褄のような、九鬼周造が『「いき」

の構造』のなかで廓《さと》の「いき」な文化として描きだしたような妙なる身ごなしは、きものとともに消えてゆく。しかし他方、女性用の「洋服」が進化する過程で、たとえばシンプルな布地を身にまとうようなアジアの服装文化からの逆影響を受けて、ゆったりした長めのワンピースに変わったり、あるいは男性のズボンを採り入れたりすると、タイトなスカートをはきハイヒールを履いて小股で歩くとか、両膝をくっつけてそれをやや正面よりずらせるかたちで座るといった「女性らしい」身ごなしにも、やはり大きな変化が生まれてくる。

このように、複数の衣裳文化が相互に接触するところでは、身のさばき方もまた多大に影響しあうのである。二十世紀の後半に、この複数の衣裳文化の接触はいっきょに加速した。パリを中心とする世界モードのかたちで、「洋服」がイニシアティヴをとるかたちで、衣装文化のハイブリッド化（異種交配）がドラスティックに起こった。それとともに「エスニック」というテイストが「洋服」の構造のなかにまで逆浸透していった。たとえばサイズの自由さ、非対称の形、着方で変わる構造、「空気をはらむ」というかたちで緩みや隙間を生かす工夫など、からだの梱包という発想からなされた「洋服」文化では否定的に

（14）ポール・ヴァレリー　フランスの詩人、批評家、思想家（一八七一―一九四五）。二十世紀前半のヨーロッパの知性を代表する知識人。著書に『テスト氏との一夜』『若きパルク』ほか。

しかとらえようのない和服の着方が、「洋服」のなかに採り入れられていった。

パリの老舗はしばしば外国人のデザイナーを迎える。シャネルはドイツ人のカール・ラガーフェルト[15]を、ディオールはイタリア人のジャン・フランコ・フェレを、ジヴァンシーは英国人のジョン・ガリアーノ[16]やアレクサンダー・マックィーン[17]を、エルメスはベルギー人のマルタン・マルジェラ[18]を迎えている。高田賢三もまたパリのデザイナーとして認知されている。こうして「洋服」は「世界服」になってきたのだ。ちょうどビートルズのデビューごろから、ポピュラー・ミュージックが世界を同時性のもとに置くことになったのと同じように。

こうしてファッションは、異なった文化伝統を皮膚の上で交差させ、その隔たりを軽々とまたぎ越す。西洋文化、日本文化などといった「ひとつの内的なまとまりをもつ完結する文化」という幻想を、わたしたちの皮膚感覚はどんどんはみでてゆく。

犯罪とファッション

強盗と暴行、殺人者とストーカー。犯罪とファッションといえば、すぐに覆面や変装のことが思い浮かぶ。暴漢が顔面に被るストッキングやマスク、変装用の眼鏡やつけ髭、化粧などは、その典型である。犯罪者は身元を隠したり偽ったりするために、人格のしるしとなる顔を被《おお》ったり服装を変えたりする。

窃盗などのばあいには、身元を偽るというより、魂胆を見抜かれないよう、顔をつくる。表情だけではない。眉を描き変えるというのもその手法のひとつだ。眉はひとの気持ちを微細に映しだすから、剃ってつくり眉毛にする。あるいは、むかしの公家。武家の権力に対抗するために、本音を明かさぬ必要があった。それで、ほんとうの眉のうんと上、顔面の表情筋が途切れるあたりに繭のようなかたちをした眉を描いたといわれる。繭型なので、長い眉とちがって形に変化が乏しいので、無表情になる。そういえば髭をぼうぼう生やすというのも、表情隠しになる。

(15) カール・ラガーフェルト　ドイツ生まれのファッション・デザイナー（一九三八―）。十四歳でパリに移り、ピエール・バルマン、ジャン・パトゥのアシスタントを経て独立。クロエのデザインを担当したのち、シャネル、フェンディのデザイナーを務める。独自のブランドももつ人気デザイナー。

(16) ジョン・ガリアーノ　イギリスのファッション・デザイナー（一九六〇―）。ジヴァンシーのデザイナーからジャン・フランコ・フェレの後任としてディオールのデザイナーになり、注目を集める。

(17) アレクサンダー・マックィーン　イギリスのファッション・デザイナー（一九六九―）。ジョン・ガリアーノのあとを任されたジヴァンシーの元デザイナー。パンク派からの採用が話題をまいた。

(18) マルタン・マルジェラ　ベルギーのファッション・デザイナー（一九五七―）。アントワープ王立芸術学院出身の「アントワープ派」とよばれる六人のひとり。シャビー（貧乏）やグランジ（ぼろ）ルックなどのアンチ・モードの旗手としてセンセーションを起こす。エルメスのデザインも一時担当。

身元を隠すというのは、「だれ」であるか判らなくする、偽るということである。だから、見知らぬひとが身体を接するような距離で生活し、行動する都会では、顔をむきだしにして歩くことが危機回避のためのルールとなった。英国には覆面をして町を歩くと罰せられる町があると耳にしたことがある。

以上は危害を加える側から見た犯罪とファッションの関係であるが、危害を加えられる側からすると、また別の問題が見えてくる。

衣服は第二の皮膚だといわれる。わかりやすい比喩として、まるで常套文句のようによく使われる。じっさい、衣服の下の肌との隙間は（たとえそれがわたしたちの皮膚の外部であっても）そのひとの内部をなす。だから、他人のそこに無断で手を差し入れるのは、からだのなかに手を突っこまれるような不快感をともなう。だから犯罪になってしまうのだ。科学的治療が普及する過程で聴診器による診断を拒む女性が多かったのも、見知らぬ男性に身体を触診されることが、肌に触れられる以上の意味をもったからだろう。

ひとは押しつけられた服装に傷つくことがある。情けないような服を着ることを強制されて、プライドがずたずたにされることがある。スカートが象徴するようなセクシュアリティにどうしてもじぶんを適応させることができずズボンばかりはいていると、冷ややかな視線を浴びせられたり、からかわれたりする。衣服はけっして外見などではなく、ひとがじぶん自身をイメージするときのそのしかたを映すものであるから、その良し悪しをいわれるのは、そのまま人格の評価を受けるのとほとんど同じ意味をもつ。ひとは服装によって品定めされ、そのように品定めされることじたいに傷ついてしまうのである。

わたしとその外部の境界は、つねに皮膚の上にあるわけではない。じぶんがじぶんのものと感じている空間に他人が侵入してくるのは、あきらかに暴力である。服に触られても、いや服のことをいわれても、ひとは不快感に卒倒しそうになることがあるのである。男性による女性のセクシュアル・ハラスメントの多くは、このことの認識不足、このような無神経からくる場合がかなりある。

戦争とファッション

戦争ほど、人間の身体感情を激しく揺さぶるものはないだろう。生死を間近に感じてからだが震え、風雨にさらされた戦場で、土と水と陽射しにまみれ、皮膚が焼け、ただれ、すりむけ、血が滲む。感情は恐怖と高揚のあいだで大きくぶれる。だから戦争は歌やスポーツやストリート・ファッションなど、身体文化にすぐに波及してゆく。

さて、戦場のコスチュームといえば迷彩服である。それは周囲の環境に紛れこんで、姿を隠す衣類だ。

軍服は、もともとは所属を明確にするものであった。局地戦で敵と味方が入り交じって戦闘するとき、敵と味方を一目で区別できるように、目立つ色で統一する必要があった。

ラグビーやサッカーのユニフォームと同じことである。

それがベトナム戦争のころより、敵味方の位置の不確定なゲリラ戦とハイテクを駆使した電撃戦が戦闘の中心になってくる。前者ではジャングルに身を紛れこませて敵に認知されないことが必要だし、後者では遠隔地からの通信網に引っかからないようにこれまた攻撃対象として認知されないことが必要になってくる。そういう理由で、迷彩服というのが登場した。

軍服だけではない。戦車のボディにも迷彩が施され、戦闘機なら、下から見上げると空色に近い薄いグレー、上から見おろすとジャングルと同じ緑色と、二色に塗り分けたものも出てくる。

ファッションが戦争と大きく絡まったのは、そのベトナム戦争のときである。ラヴ&ピースのカウンターカルチャーの運動は、短髪にマッチョなボディに迷彩服という兵士のイメージとはわざと対照的なイメージをファッション化していった。動きにくくて色も派手な南北戦争時の軍服のようなミリタリールック(19)や、長髪で、サイケデリック(20)な色柄のブラウスといった、迷彩服のパロディのようなファッションが出てくる。軍隊や迷彩への欲望をぐいとずらしてしまうのである。

が、八〇年代になると、迷彩服をはじめとする基地からの放出品やそのコピーが、都市のファッションのなかに逆流してくる。アーミールックはたしかにひとをヒロイックな気分にするが、同時にエレガンスの対極にあるアンチ・モードの気分を演出しもする。だから八〇年代の後半、それはDCブランド現象の退行とともに反モードというファッションの一形態として、グランジなどと並行的に現われたといってもいい。

迷彩服はもともとじぶんの存在をカムフラージュするための衣服であったが、それを都市で着るというのは、戦争が湾岸戦争のときにそうであったが一種のゲーム感覚でメディアをとおして受けとられたことともに、都市があたかも「見えない」局地戦の現場のように意識されはじめたこととも関係しているかもしれない。からだを侵蝕し、破壊するさまざまな都市の暴力。そのなかで、ひとはじぶんの存在を見えなくすることで、じぶんを防御しているのかもしれない。ちょうど顔を隠して身を偽ることでふだん不可能なことができるように、ひとはじぶんの存在をカムフラージュすることで反撃に出ているのかもしれない。

(19) ミリタリールック　軍服からヒントを得たファッション。一九六〇年代に流行。
(20) サイケデリック　LSDによる幻覚や陶酔状態のときに見られるような極彩色や型のこと。

II　てつがくを着て、まちに出よう

1　からだという宇宙

プロクセミクス

わたしのこの身体の表面って、いったいどこなんだろう。ふつうはだれもが皮膚って答えるだろう。

ボディとして身体をとらえれば、たしかにそうである。ボディとして、といったけれど、それはボディという英語がまずは「物体」とか「胴体」という意味だからだ。天文学でいうセレスタル・ボディーズは「天体」の意味である。だから人間の「からだ」だけに特定したいときは、わざわざリヴィング・ボディ（生きたボディ）だとかヒューマン・ボディ（人体）といわなければならない。

いつごろからか、「ボディ・ショップ」なんて看板掲げたお店を街で見かけるようになったけれど、ボディ・ショップというのはもともと自動車の車体修理工場のことだし、俗語では売春宿の意味で、だからそんな店に女性が入るところを見るのは、ヘンな連想がはたらいてちょっとはずかしい。

さて、わたしのからだの表面って、ほんとうに皮膚なんだろうか。ボディではなくて、わたしがじぶんのものとして、そう文字どおりみずからの分け前として了解しているからだという意味でいえば、わたしのからだの表面はふつう衣服の表面のことになる。だれだって他人にいきなり服の下に手を突っこまれれば不愉快である。服の下はわたしの皮膚の外であるとはいえ、わたしの外という感じはしない。それはわたしのなかなのだ。だからそこに手を突っこまれるとじぶんが犯されたような気になる。人間においては、その皮膚はすでに衣服の表面に移行しているのだ。

これはシチュエーションでも決まってくる。海水浴場に行けば、ビキニ姿でほとんど肌を露出していても、それがわたしの表面になる。相手が恋人であれば、セーターの下に、あるいは下着の下に手を差しこまれ、そこで指が戯れるというのは、うっとりと心地よい時間である。

同じことが、じぶんをとりまく外部空間についてもいえる。喫茶店で相席をいわれればだれもが対角線上の椅子に座る。家族だったら至近距離に来てもわずらわしくないのに(親はいやだ)、他人がそんな位置に来れば緊張が走る。教室で授業にも出てこないやつが、ふだんじぶんがすわる椅子に先に座っていれば、むしょうに腹が立つものだ。逆に、他人の私室に入ったときは、インテリアにまでその人のからだや感情が滲みこんでいるような感じがして、胸苦しくなることがある。

こういう自他との距離感覚、親疎の空間感覚の研究をプロクセミクスというそうだ。現代の都市生活ではこの空間感覚がごちゃごちゃにされて、ついストレスがたまる。たとえば電車のなかでは見ず知らずの人とからだを密着させないといけない。あるべき隔たりが圧縮されて、空間が歪んでしまう。オフィス空間なども、もっとこういう歪《ひず》みを計算してデザインされればいいと思う。

際

「際《きわ》」といえば、ふつう、物と物との境、ある物が別の物と接するところ、あるいはあるものがそれでなくなるところを意味する。

髪の生え際、海の波打ち際。汀《みぎわ》といえば、陸と水の接するところ、水際のことである。同じことは時間についてもいえ、「いまわのきわ」といえば、最期のとき、生死の境のことだ。

際というのは、危うい場所である。異物と触れるところ、じぶんがじぶんでなくなりだすところだからだ。しかしそれはまた、エネルギーが異様に充満しているところでもある。水際は植物がもっとも勢いよく生える場所で、だから防災のためとはいえ、水際を全面的にコンクリートで覆うのは、自然の生命の破壊であることはまちがいない。もっともわたしたちの食いものを見たらすぐにわかるように、ひとはひと以外の生命を日々殺し、裂き、食することで生き長らえているわけだが。

危うくかつ力の沸騰する場所という意味で、「際疾《きわど》い」はすれすれの危ないところをさす。都市でいえば、場末や町はずれというのが、むかしからそういう場所に当たっていた。

家についていえば、敷居がそれにあたるのだろう。家族の内と外をきびしく分離する境界として横木が置かれている。それを踏もうものならかならずや祟りがあるといわれてきた。内と外がそこで分けられるところの敷居、それをかつては閾《しきみ》といった。意識されるものと意識されないものの境を識閾というのも、そこからきている。

そういえば、英語のクリティカルという言葉にもそういう意味がある。クリティカルというとふつう「批判的」と訳されるが、クリティカル・ピリオドといえば更年期だし、クリティカル・イルネスといえば重病を意味する。クリティシズム（批判）が正当なものと不当なものを区別する行為を意味するのと同じように、生死がかかっている危機や天下分け目の重大時はクライシスという。ともに語源は同じなのだ。

ところで〈際〉とか〈閾〉の意識がずいぶん揺らいでいるのが、いまの建築である。内と外の区別がぼんやりとしかつかず、むしろ個室の密室性、家の閉鎖性をなしくずしにするような、無境界の空間構成、内部性やプライヴァシーの濃度がグラデーションのように外部へと溶けだしてゆくような空間構成が、あるころからモードになりだした。家の外壁のテクスチュアをそのまま内部に引きこんで、打ちっぱなしのコンクリートの外壁を（ほんとうは打ちっぱなしのざらざらではなく表面はとても滑らかなのだが）、部屋の内壁にしているような建築が目立つ。

まるで若いひとたちがセーターやシャツを裏がえしに着るように、である。自他の境、内外の境、公私の境をはじめとして、生活上のいろいろな壁や境がいまあらためて、深く問いなおされだしたのだろう。

膨張と収縮

からだはどこまで膨張していくのだろう。からだが膨れるという意味ではない。からだの能力を拡張した道具や装置においては、からだの働きはその道具や装置のところまで延びている。杖の先、自動車の前端、テレビの中継現場、携帯電話では相手のいる場所にまで。物質としてのじぶんを超えでて、わたしたちはなにかを知覚している。

逆に、じぶんを失っているとき、萎縮しているときは、からだは皮膚よりもうんと内側に縮こまった感じがすることがある。あるいは、鬱屈して、なにか重いものに押さえつけられている感じがすることもある。

からだの膨張と収縮はなかなか複雑な感覚であって、膨らみも縮みも、ともに「自我」からの解放と感じられることも「自我」の消失と感じられることもある。

たとえば、素っ裸で海に浮かんでいるとき、すごい開放感に浸ることもあるが、なんとも頼りない感じがしもする。あるいは、メディテーション・カプセルというのだろうか、人間のからだと同じ温度、同じ比重の液体を半分ほど入れた密封式のタンクでできたリラクゼーションのための装置がある。そのなかに入って視聴覚情報を断ち切ると、しばらくしてじぶんとまわりの液体との際がぼんやりしてくる。どこからどこまでがじぶんのからだなのかがよくわからなくなる。そのとき、わたしたちはまるで世界に溶けだしていくかのような快感にうっとりとなるが、ひとによっては深い不安に襲われ、からだごとぶるぶる震えてしまう場合もある。スキューバ・ダイビングでも、長時間浸っていると同じ感覚にとらわれると聞いたことがある。

広々とした原っぱで爽快になることも、部屋で布団にくるまって安心することもある。閉所恐怖もあれば、広場恐怖もある。

結局のところ、じぶんの枠、じぶんの殻をはずしたいのか、そこに閉じこもりたいのか。たぶんそのどちらでもあるのだろう。わたしたちはじぶんでありたいとともに、じぶんでなくなりたいとも思うのだから。そのようにからだは膨らんだり縮まったりするのが、ある感情に包まれるということであり、つまりは生きているということなのだろう。

服とインテリアは、「じぶん」というものが大きく揺れるちょうどその中間段階を演出する装置である。それらは人のからだを緩めもすれば、からだを囲いもする。わたしたちはゆるゆるの服も好きだし、ぴちぴちの服も好きだ。やわらかいソファも好きだし、固い木の椅子にもたまには座りたくなる。それらは、からだの底から滲みでてくる深い感情にこたえ、それに共振したり、それを抑止したりする。

スピノザ(1)という十七世紀の哲学者は、「感情とは、身体そのものの活動力を増大させたり減少させたり、あるいは促したりまた抑えたりするような身体の変容であると同時に、そのような変容の観念である」といった。服やインテリアの機能というのはそうした感情にこたえることをいうのであって、単にボディとしての体の機能や形状にこたえることではない。

インターフェイス

わたしがわたし以外のものと接触するその面を、よくいわれるように界面(インターフェイス)とよぶとすると、わたしとわたしではないものとの界面は幾重もの層からなっている。

入浴しているときはその界面はあきらかにわたしの皮膚であるが、ふだん他人と接する

(1) スピノザ　オランダの哲学者(一六三二―一六七七)。神すなわち自然の汎神論をとなえ、のちのドイツ哲学に大きな影響を与える。著書『エチカ』『知性改善論』など。

ときは界面は衣服の表面に移行する。インテリアというのはおそらくわたしの私生活の表面だろうし、エクステリアというのはわたしの家族生活の表面だろう。そしてその延長線上に、都市の佇まいがある。わたしたちの社会生活の皮膚としてである。

わたしの身体のある「ここ」からだんだんと周囲に広がり、拡散してゆく……。それがかつてわたしたちの身体空間のイメージであった。ところがこういう身体空間の遠近法は、もはやそんなにお行儀のいいもの、そんなになだらかなものではなくなっている。

たとえば、もっともプライヴェートな空間であるはずの私室の、さらにそのなかのパソコンの小さな箱のなかに、インターネットの空間が「広場」として開かれている。この「広場」はわたしたちが住んでいる地域の空間とは比較にならないほどに広大なものである。

他方、たとえば繁華街を歩いていると、今では場末へとまで行かなくても、消費の欲望や性的欲望のさまざまな記号や装置が溢れていて、それがまるで私室でカタログやポルノグラフィーをのぞいているときのようにわたしたちをちくちく刺してくる。じぶんのなかで欲望が湧いてきているのか、それともじぶんのなかから何者かによって欲望が引きだされつつあるのか、その区別さえもさだかではなく、しかしたしかに欲望が頸をもたげているのだ。

英国でおこなわれているゴルフ・トーナメント。そのグリーン上でのパターの瞬間を固唾《かたず》をのんで見ていると、その異様な静謐さのなかでじーじーという虫の声が聞こえる。座礁した船の上空を旋回するヘリコプターに搭載されたカメラをとおして海上を見ているうちに、吐き気を催してくる。遠い遠いひとからのメールを液晶のディスプレイで読みながら、心をときめかせる……。

かつてマクルーハンは、来るべきメディア社会を、「頭蓋骨の外に大脳があり、皮膚の外に神経があるような生命体」の社会として描きだしたが、このようにメディアによって内破された都市は、もはや「わたしのここ」を中心として遠近法的に広がる身体空間としてイメージすることはできない。

コンビニひとつとっても、こうした遠近法の錯綜はすぐわかる。コンビニの品揃えは店員によってではなく、レジと直結しているどこかの情報センターによって指示され、他方、消費者はコンビニの棚をまるでじぶんの冷蔵庫や机の引き出しの代わりに利用する。そういう錯綜を象徴するかのように、ファッション・デザイナーは裏返しの服を構想し、建築家は内／外を入れ子にしたような空間設計をする。

大股歩き

わたし自身、結構早足のはずなのだが、最近背丈はわたしより低い女性に追い越されることがある。理由は明らか。歩幅が大きく、しかも回転がわたしより速いからだ。

大股で歩く女性が増えたなと思う。ぴちぴちのパンツをはく、だぶだぶのジーンズをはく、フワフワのロングスカートをはく、ミニで足をむきだしにして歩く。いずれにしても、足は大きく踏みだせる。

小股で歩く、それが女性の魅力だった時代があった。纏足《てんそく》(2)であれ、下駄履きであれ、ハイヒールであれ、小さな足を愛でる風習は歴史が長い。それに、よちよちというかぐらぐらというか、どこか不安定な歩き方は、昔から誘惑の技法のひとつであった。ハイヒールなど足の形とは似ても似つかないものだし、だから指はひどく変形するし、かかとに擦り傷ができる。わざわざ歩きにくくするために、あるいはわざわざ足を痛めるために考案されたとしか思えないような形をしたハイヒールが、それも少なからぬ女性たちを魅了するのは、足がすらりと長く見えるということもあろうが、なにより不安定こそひとの目を引きつける最大のポイントだということを、そうと意識することなく知っているからだ。

その定石が壊れつつある。大股だけではない。足を広げてすっくと立ちはだかるような姿勢、あるいは片足に重心を載せ、腰を少しひねった格好の腕組み。これらが女性の身ごなしの魅力のひとつになっている。「堂々」と「凜々しい」という形容は、男性だけのものではなくなったのだ。バッグがリュックになって両手が空いたことも、大股と腕組みが増えた理由の一つだろう。

ゆらゆら揺れるスカートに小さな靴、そして小股の歩行。そんな「女装」をすることで、女性たちは「おんな」になってきた。それが六〇年代にミニが登場した頃から変わってきた。六〇年代のミニは、ズン胴に似あう。つまり、「おんな」以前の少女の体型に近づくものだった。「おんな」のイメージ、「母」のイメージへの反抗である。

パンツで大股歩きという現在のファッションは、あらかじめじぶんを性的なイメージで枠どらない自由を女性たちが選択した結果として出てきたものなのだろう。もっとも、パンツはしばしば女性をスカート以上に女性っぽく見せるものだが。

ボディ・デザイン

最近はボディ・デザインというのが、モードのメニューのひとつになっている。

かつては、親からさずかった身体に傷をつけるのはもってのほか、と考えられていた。「身体髪膚《しんたいはつぷ》之《これ》を父母に受く、敢《あ》へて毀傷《きしよう》せざるは孝の始めなり」という言葉もあった。旧制高校の寮生たちはこれをもじり、「寝台白布之を父母に受く、敢へて起床せざるは孝の始めなり」と書いた紙をベッドの上の壁に貼って、朝の講義をサボったという。

いまではもうだれもそうは考えない。からだはじぶんのものだ、だからどうじぶんで取り扱おうと自由だ、というわけだ。

（2）纏足　中国で女性の足を大きくしないため、子供の時から親指を除く足指を裏側に曲げて布で固く縛り、発育を抑えた風習。唐末ごろに始まり、宋代から流行したが、清末に廃止運動が起きて消滅した。

ボディ・ピアスで鼻や口、眉、へそに孔《あな》をあけるだけでなく、体内に樹脂などを挿入して加工することへの抵抗感も薄らいできている。が、人類が試みてきた身体加工のすさまじい歴史をみれば、これも別段驚くにあたらない。

「一つ穴を開けるたびに自我がころがり落ちてどんどん軽くなる」。宮台真司氏が(3)『終わりなき日常を生きろ』という本のなかで引いている若者の言葉だ。身体に孔をあけることでじぶんの存在がなにか軽やかに感じられるということらしい。

じぶんというものはこうでしかありえない、なにをしたってじぶんは変われないという閉塞的な気分に陥ったときに、からだに孔をあけるだけで変化が起きる。着替えのきかないはずのからだだってほんとうは衣服のように取り換えられると実感できる。そういう解放感が、ピアッシングという行為にはあるらしい。

どんなに挑発的な服ものみこんでしまう都市のモードのなかで、若者たちは、もはや外見のイメージではなく、こういう身体感覚で風穴をあけようとしているのだろう。

からだのどこを飾るか

身体の孔をめぐっては、けっこう難しい問題がある。

唾《つば》、洟《はなみず》、耳だれ、尿、便など身体の孔から排出されるもののなかで、なぜ涙だけが汚くないのか。これがわたしにはなかなか解けない謎なのだが、もうひとつ、装いとの関連で不思議なことがある。

いまの社会では、彩色したり装飾品をつけたりするからだの部位は限られている。すぐ思いつくのが、眼のまわり、耳、口。それらの共通点は、身体の開口部だということ。そういう危険な部位だから、悪霊の侵入を防ぐために、孔の周囲を鮮やかに彩色したり、きらきら光る金属の環で飾るのだという人類学の説があるのは知っていたが、そんな呪術的な意味が現代に強く残っているとは考えにくく、わたしは別の考えをとった。

身体に空いた孔は、感覚の座でもある。つまり、見る、聴く、嗅ぐ、味わう器官。だから、宇宙をよりゴージャスに迎え入れるためにその器官のまわりを飾るのだ。そう考えると、触れる器官である指先にマニキュアを塗るのもわかるし、コスメティックの語源がギリシャ語のコスモス(宇宙・秩序)にあることも納得がいく。

とはいえこの説、ちょっとかっこよすぎる気もする。それに髪飾りや足先のペディキュアはどうか。そこは孔ではないし、感覚の器官でもないのに装飾が施される。で、こんなふうに考えなおしてみた。彩色したりアクセサリーをつけたりする部位は、

(3) 宮台真司　社会学者(一九五九―)。都立大助教授。現代の若者を対象とした社会分析を試みている。著書『権力の予期理論』『サブカルチャー神話解体』など。

それを見る「わたし」から遠い部位ばかりだ。指先、足先は、わたしの眼からもっとも離れた部位だ。そして眼、口、耳、頭。じかに見えないという点では、これらは〈わたし〉からさらに遠く隔たった部位だといえる。

そういう隔たりを制御できないまま他人の眼にさらすのはきわめて無防備だ。で、その部位をじぶんのコントロール下に置こうとして、たっぷり飾る……とまで考えた。が、まだ腑に落ちないわたしである。

身体の象徴的切断

街にあふれるキャミソール・ドレスについてはみなその露出度ばかり話題にするが、このドレスにはもうひとつ、考えさせられることがある。それは、ちょっとややこしい言い方をすると、〈身体の象徴的切断〉ということだ。

わたしたちの服装には、ほんとに摩訶不思議としかいえないような面がいっぱいある。ネクタイからコルセットやネックレスまで、なぜ服には緊縛や拘束のイメージがつきまとうのか。なぜ女性たちは顔の孔のあいた部分ばかりに化粧をほどこすのか。装飾品といえば、なぜ金属や鉱石、野獣や爬虫類の皮革といった非日常の素材が用いられるのか。なぜひとは身体の特定部位を覆い隠すのか、などなど。

そういう疑問のひとつに、今日の女性がもはや普段は着用しない黒のブラジャー、ガーター、ストッキングという下着の三点セットが、なぜいまなお男どもを誘惑するのかということがある。あるいはもっと一般的に、なぜ衣服と素肌の境界がひとを引きつけるのかと言い換えてもよい。じっさい女性服のデザイナーは、襟ぐりの深さ、袖の長さ、スカートの裾の位置にいちばん神経をつかう。

ベージュではなくて黒の線、それがからだの表面に切断線を刻む。からだの表面を分割する。そういう〈身体の象徴的切断〉こそがモードの本質だといったのは、フランスの社会学者、J・ボードリヤール(4)だ。そのような視点からすると、口紅もアイラインも、唇や眼をその周辺から切り取るためのメイクだといえそうだ。マニキュアやブレスレットにも同じことがいえる。

身体を切り刻み、断片化すること、このことがなぜエロティックな誘惑力をもつのかについてはいろいろ議論があるのだが、説明はさておき、ひとはからだを想像の上で切断することで、人間のもっと深くておどろおどろしい欲望を巧妙に処理しているのかもしれない。

キャミソールを肩のところで引っかけているあの頼りない二本の紐と胸を横断する水平

(4) ジャン・ボードリヤール　フランスの社会学者(一九二九―)。フランスの現代思想を代表するひとり。記号論を導入して現代消費社会を分析。そのほか、文芸評論、デザイン論、文化批判など、幅広い分野で活躍。著書『物の体系』『消費社会の神話と構造』など。

線も、おそらくそういう線のひとつである。

身体の夢

京都国立近代美術館で「身体の夢」という展覧会が開かれていたときのこと。この展覧会には、「ファッションOR見えないコルセット」という副題がついていた。からだとファッションとコルセットという言葉の組みあわせから、だれもがふと、からだと下着と衣裳の関係を主題とする展覧会を想像するだろう。実際、女性の体型をその要のところで絞り込んで大きくデフォルメしてきたヨーロッパのコルセットの歴史が、展覧会のひとつの主題ではある。

しかし会場に立つと、この展覧会のねらいがもっと広範なものであることがすぐに分かる。それは、社会が人間のからだに（とりわけ女性のからだに）向けてきた視線、性的な欲望や感情、あるいは社会規範や美意識といった視線が、どのようなイメージで身体を刻印し、造型してきたかというものだ。

現代ファッションによる身体シルエットの大胆な造型、ファッションにおけるインナーとアウターの攪乱、それにともなう皮膚感覚の変容、あるいは性差の横断（男女の肢体をにわかには判別しがたいほど巧妙につなぎあわせたコンピュータ合成の写真）、からだと衣服の境界をまたぎ越すような視線（有機物をおもわせる衣裳のオブジェや無機的な触感が妖しい虚構の皮膚)、戸外に置かれ菌によって生成・消滅する服(微生物学者とのコラボレーション)、避難民のための移動可能な住居としての服、性のあいだの性的政治を可視化するフォト・アートの多様な試み……。こうした作品群を見ていると、からだがいかにイメージの制度のなかに深く組み込まれているかが分かる。

ファッションは〈身体の政治〉ならびに〈性の政治〉と深い共犯関係にある。ファッションはイメージとしての身体と深く連動している。ファッションは身体感覚と性的感情の基底を集合的に深く揺さぶる。

そうした光景を、この展覧会はファッションとアートの境界領域で、多様なメディアを通じて、わたしたちに突きつける。

人間はみんな「フェチ」

フェティシズムという言葉がある。脚フェチとか靴フェチなどと呼ばれる(なぜか男に集中する)奇妙な性癖のことだ。

「二本のきれいな脚のためなら、私は婦人の心はいりません。婦人はパーソナリティですから、それだけで私を不能にしてしまうのです」。

ドイツのあるフェティシストの発言だが、フェティシストの嗜好は髪や脚、ハンカチやストッキングや靴というふうに、身体の末端や装身具に向かう。人格の座である顔を離れて、「だれ」かわからないパーソナリティの薄いところ、人体や衣装の断片に向かう。だから、戦前の精神医学事典では「節片淫乱症」なんてすごい訳語が当てられていた。

フェティシズムという語は、もともと宗教学で用いられたものだ。石とか樹とか、それじたいとしてはただの物質でしかないものに、神的なものの具現を見る、そうした呪物崇拝を意味した。

マルクスの『資本論』では、それが人間の生産物にも適用され、なぜ人間のつくったただの物質的生産物が商品という価値を帯びるのかが、フェティシズムの問題として分析された。貨幣や紙幣は、ただの金属、ただの紙片でしかないのに、なぜあのような大きな価値をもち、人間の意識や欲望を翻弄してしまうのかは、経済現象にとっては確かに根本的な問題である。

人間の性行動においては、性欲の対象が顔や胴体や生殖器といった身体の中枢的な部位に向かわないで、それが非人格的な断片へとスライドしてしまう逸脱現象としてとらえられる。

しかしよく考えてみれば、奇妙なことである。愛情とか性的欲望といったものは、そもそもなぜ顔や性器に集中的に向かうのか。他者の人格は顔や性器そのものにあるわけではないのに。とすれば、人間の愛情や性的欲望それじたいが、そもそもフェティシズム的だということになる。人間、みな、フェティシストだということになる。

ハイヒール

ファッションに見られる世界の奇習といえば、すぐにあげられるのが、ヨーロッパのコルセットと中国の纏足。身体（腰と足）を異様に変形させ、その機能を損なわせるのだ。人間の身体をまるで粘土細工のように弄《あそ》ぶわけだ。

ハイヒールもそういう奇習のひとつに加えたくなる代物である。ハイヒールというのは、考えてみれば、わざわざ歩きにくくするために考案されたとしかいいようのない異様な履きものだ。踵《かかと》の部分が高く細くなっていて、からだがすぐにぐらつく。それに、ハイヒールの形は足のそれをすっかり無視していて、もともとは放射状に開いていた指をくっつけ、紡錘形の爪先の中に押しこめる。そのせいで、おとなの女性の足の指の形はまるで一本一本曲げたようになっている。ファッションの他の奇習に劣らず、不合理なアイテムである。

おもしろいのは、その形だ。先ほどファッションの奇習としてあげたあの纏足とシルエットがそっくりなのだ。上から見れば紡錘形、横から見れば直角三角形。

なぜこんな奇妙なアイテムが考案されたのだろうか。精神医学者は、性的な強迫観念や攻撃性とか、いろいろな解釈を加える。が、わたしはものすごく単純な理由がそこにあるのではないかと思っている。つまり「不安定」という魅力である。

安定しないもの、揺れているもの、曖昧なもの、そういうものにひとの眼は吸いよせられる。スカートのスリット、あるいは半透明のブラウス、あるいは下着のようなキャミソール・ドレス、あるいはジッパーのついたシャツ、あるいは……。つまり、見せようとしているのか隠そうとしているのかはっきりしないアイテムは、その曖昧さゆえにひとの眼を惹く。誘惑のファッションはそういうしかたで、他人の視線を弄ぶのだ。

人間でも同じことだ。心が揺れているひとがいちばん妖しい魅力を湛えているものである。淫らなひとよりも、貞淑なひとが誘惑に打ち勝とうとしているときのほうが、いっそうそそるものなのだ。アラン⑤という哲学者はこんなふうに書いている。「務めを守り、恋情に打ち勝とうとじぶんと戦っている女が、どうしてまさにそのことゆえに男にはいちばん危険な手管をもった女に映る。不幸とはじつにそのようなものだ」。

そしてそういう誘惑の本質、つまり不安定とか揺れそのものをずばり目に見える形にしたのがハイヒールである。誘惑者はそれをもっとエスカレートさせて、ピンヒールをはく。ただし、誘惑者は女性であるとはかぎらない。つい最近では前世紀、ダンディたちはコルセットをつけ、先のピュンと尖ったハイヒールをはいていた。メンズ・モードは今世紀に入って急におとなしくなっただけのことだ。

ひとの視線を押し返す

ひとを不安のどん底に落とすというのは、たぶん、それほど難しいことではない。たとえばオフィスで、ある人とすれ違うときに、顔を合わせたとたん、なにか見てはいけないものを見たような表情で眼を背けるとする。みなで共謀してそれをする。すると、彼(女)はたまらず手洗いに走り、鏡をのぞきこんで、顔をはじめじぶんの外見をいろいろチェックするだろう。じぶんの外見はじぶんではほとんど見えず、だから他人の視線は圧倒的な攻撃力をもつのだ。

おそらく女性は、とくに若い女性は、都市生活のなかで、異性のそういう舐《な》めるような、あるいは品定めするような視線を日々肌で感じてきた。通学時に、通勤時に、駅で、電車のなかで。

能面をつけると人前で裸になったような不安な状態になるという話が、土屋恵一郎さんの『能』に出てくる。観客の視線にさらされたじぶんの身体はじぶんにはぜんぜん見えず、これは衣服をすっかりはぎ取られた状態、身体が他人の視線のうちに漂っているような状態で、役者をとても不安定にするというのである。

興味深いのはその次だ。「面をつけて舞台に立つときの、圧倒的に受動の状態にある身体は、構えのうちで内側から力の束のまわりに身体の中心を組織しなおして、その受動態

(5) アラン(本名エミール・シャルティエ) フランスの哲学者、批評家(一八六八―一九五一)。その哲学エッセイは深い味わいがある。著書『精神と情熱に関する八十一章』『幸福論』など。

を押し返していく」。そういう力のせめぎあいが、能の表現を成立させているというのだ。押し返しである。浮遊する身体感覚を組織しなおして、態勢を立て直すのである。

女子高校生の制服ファッションにも、昨夏はやったキャミソール・ドレスにも、「押し返し」とでもいうべき反撃性を感じることがある。

そういえば、大学生が就職運動時に着る超画一的なリクルート・スーツ。あの内側でも、能面をつけたときと同様に、品定めするような視線を押し返す「構え」がたくわえられつつあるのだろう。一見ごく普通の紺のスーツに見える前衛ブランド品を秘かに身につけ、気を張っている学生もいるそうだ。

「中身」とのバランス

服装は長らくひとのうわべだといわれてきた。もちろん、中身との対比でである。

中身ということで、ひとは「心」を考える。けれども、装いのなかにわたしたちはそのひとの生きるスタイル、つまりそのひとが世界を感受するときの、そしてその世界へ織りこまれていくときのその手つきやふるまいを見る。服装やそれが枠取るふるまいの型で、ひとは大人らしくなったり、女らしく・男らしくなったりする。文体は人なりといわれるのと同じ意味で、スタイルのない「心」などというものはない。

中身ということで、もう少しドライなひとならからだを考える。けれども〈わたし〉という存在は物心ついたときにはもう、皮膚から衣服の表面へと移行している。だから服の下に他人の手が入ってくるのを想像しただけで、そこは皮膚の外であるにもかかわらず、まるでじぶんのからだの内部に手を突っこまれたようにぞっとする。

服装をひとのうわべだというのは、だから不正確である。服装を「表現」(エクスプレッションというのは内部にあるものを外部に押しだすという意味だ)としてとらえるのも、だから紛らわしい。

とはいえ、逆に服装にすべてが現れていると考えるのも不正確である。ひとは装いでみずからを偽るのもなかなか得意だからだ。装いには他人とのイメージのゲームのようなところがあって、ひとはじぶんのイメージを服装で操作する。制服を着るのが楽なのは、定まったイメージをじぶんの隠れ蓑《みの》にすることができるからだ。

これはまあ一般論でしかないが、ひとはじぶんについて(堅いというか)固いイメージをもっているときには、あるいはそれに熱くなれるようなものをいっぱいもっているときには、服装にこだわらないものである。逆に、漠とした不安やもやもやを抱えこんでいるときには、比較的イメージのはっきりした服を着る。つまり、内が固いと外は隙間だらけになり、逆に内がおぼろげだと外は固くなる。そういう意味では、服装でひとはなかなかよくバランスをとっている。

2　スキン感覚

スケルトン・ブーム

流行なんて、ほんとにどうでもいいとおもう。いま、この社会で何が流行っているかなんて、じぶんには関係ないとおもう。

ところがそのじぶんの身に、ふと気づくと、世の中の動きとともにあるテイストの変化がたしかに起こっているということが、これまでもくりかえしあった。そしてその感触にじぶんのうぶ毛のようなものをそっとあずけてきた。

たとえば中学生の頃（昭和三十年代の後半だ）、半透明の赤いLPレコードが出て、それをプラスチックでできた安物のポータブル・プレイヤーにかけて聴いていた。プラスチックや透明ビニールやアクリルの感覚。それは、ライトで新しいという感覚だった。その感覚がこの頃、くるっと裏返ったようになっている。プラスチックのつるつるしたライトな感触が不思議な深みを帯びだし、ビニールやアクリルの透明感がどこか懐かしさを漂わせるようになっている。

アップルコンピュータのｉＭａｃが機械の内部を透けてみせる青緑や深みのある赤のケースを使用して大ヒットしたら、またたくまに計算機や電話からコップやキッチン用品まで、フルーツ・ジュースかトロピカル・カクテルのような色合いの半透明のグッズ（いわゆるスケルトン・グッズ）が出回りだした。

表面が固い境界であることをやめて、内部にどんどん透過していく感じ、透明性を重ねることによって生まれる奥行きとでもいうべき感覚である。その深さはいったい何なんだろう。ＣＴスキャンによる人体内部の映像や、プラスティネーションと呼ばれる、遺体を断面に薄くスライスし透明な樹脂に埋めこんだ切片標本にも、倉俣史朗の、薔薇の花を透明アクリルのなかに浮遊させたチェアにも、同じような感触がある。

たがいに肉としての鈍重な肌理《きめ》や臭いを感じさせない携帯電話やＥメールによる無色透明なコミュニケーションに、ほんのり色をつけたような人体や物との関係。そんな感覚がなんとなく身になじむようになっている。気がつけば、わたしもそうしたグッズを買い集めている。この感覚の不思議な進化が、ちょっと気になる。

透明ラップの包み

以前からちょっと怖いなと思っている光景がある。スーパーマーケット。そこには、食物であれ日用品であれ、わたしたちに必要な物がさまざまの流通回路を経て世界中から集められている。食料ひとつとっても、畜肉や海産物、野菜、乳製品、乾物と、じつに多様である。色も形も触感も。

ところが見かけの多様さにもかかわらず、ここでの世界はのっぺりと均質的である。どの食材もみな表面が同一の肌理をしている。いや、食品だけでなく日用品の多くも同じ肌理をしている。そう、透明ラップに包まれて、である。わたしたちが指先や掌《てのひら》で感じる物の触感は、見え姿の多様さにもかかわらず、おそろしく一様である。

肉も魚も多くの場合、すでに薄く、あるいは一口大に切ってあり、それを持ち帰って、箸でつまんでスープのなかに入れる、あるいは口に放りこむ。物にじかに触れるということを、わたしたちはどうも徹底して回避しようとしているらしい。

物はみな名前が違う。姿や佇まいも違う。だから、棚にはいろいろな物が並んでいると、みな勝手に思いこんでいる。が、わたしたちが実際に触れているのは、物の装われた表面、透明ラップという透明の膜である。気がつかないうちに、世界の感触がのっぺらぼうになっている。指先が、掌が、ぞくぞくすることがなくなっている。

触覚というのは、世界のリアリティを感じるときの、その根っこにある感覚だ。物を押したり撫でたりちぎったりしながら、わたしたちは、世界がそう簡単には意のままにならぬことを身をもって知る。肌ざわりをとおして、物にじつにさまざまな表情があることを知る。

物は透明ラップに包まれることで、もはやその肌理によって、ふれる者に切迫してくることがなくなる。触感の世界が、まるでブラウン管上の電子の光のように、退屈なまでにペターッと一様になっている。

ただ、これを単純に、触感の哀しいばかりの均質化、一元化と嘆くのは性急すぎる。透明な皮膜ごしにしか関係が起こらないということは、じかにふれさえしなければ、どんなテクスチュアだって等価に受けとれるということでもある。血糊や内臓のべとべとした触感を、あるいは爬虫類や微生物やエナメルの表面の無機的な触感を、キレイ、カワイーと感じる人も出てくる。テレビの画像の場合と同じく、ここで触感の一種のタブー解除がなされると言ってよい。

「なま」感覚

電話で話すことを、最近の若い人たちは「なまで話す」というらしい。携帯電話やEメールとくらべると、時間差がなくて、ある言葉への反応というものが、クッションなしにじかにくる。そういう現実性が、電話にはたしかにある。電話はメディア（媒体）をはさんだ会話なのに、それを「なま」と呼ぶところがおもしろい。

しばらく前から、アンプラグド(1)という音楽ジャンルが話題になっている。エリック・クラプトンというハードロックのスターが「なま」のアコースティック・ギター(2)にもちかえて、スタジオでライヴ録音したCDが、グラミー賞を総なめしてから、はやりだした。でも、この、コンセントを抜いたという意味でのアンプラグド、言うまでもなくCDプレイヤーをコンセントにつながないと聴けない。

だから「なま」っていうのは、「じかに」というのとは少しちがう。ほんとうの「なま」、つまり対面しての会話という、全身的な交わりがかえってしんどくなっているのだろう。

対面ではむきだしの情報が過剰なので、胸苦しくて意識や身ごなしがぎこちなくなり、それで、炎天下でサングラスをかけるように、情報の流入量を絞って、意識の皮膚を保護する。顔が見えないくらいのほうがコミュニケーションが滑らかになる、あるいはよりナチュラル（ふつう）になるということなのだろう。

さまざまのメディアに身を浸すことで、ナチュラルということの水位が、あるいは「なま」という感覚の水位が、うんとワープしてきたような気がする。

そんな減量バルブのような服が流行している。プラダ(3)に代表される、まるで事務服のようなシンプルな高級服だ。ファッション雑誌『SPUR』は、それを〈いちばん素敵な「ふつう」の服〉と表現している。

ファッションは魂の皮膚

わたしたちはからだの表面を、からだのまわりを、さまざまに演出する。布や革を使ったり、塗料や金属のリングを使ったりして。

身を飾る、という言い方をすることがある。しかし、心を飾るとはいわない。心は飾りえないもの、からだは装飾できるものなのだろうか。だから服装はただの飾り、つまりは「うわべ」にすぎないということになるのだろうか。

そうではない。服装というものの意味がもし人間にとって本質的なものであるならば(そうでないはずがないが)、身を飾るというときの「身」は「心」と別であるはずはない。ここで「心身一如」などと、言葉でごまかさないでおこう。栄養が身につき、教養も身につくような、その「身」とはいったいなんだろう。

魂は、皮膚が折りたたまれるところ、身体がそれみずからに接触する部位にあるという、ユニークな説をとなえるのは、哲学者のミシェル・セール(4)である。重ねあわされた唇と唇

(1) アンプラグド　アンプのプラグに差しこまないこと。アンプを用いて音量増幅をしない生演奏。
(2) アコースティック・ギター　アンプを使って電気による音量増幅をしないギター。
(3) プラダ　イタリアのファッション・ブランド。一九一三年にマリオ・プラダがミラノに創業。一九七〇年代末にナイロン製バッグを発表して一躍有名に。一九八九年にミラノ・コレクション参加。一九九〇年代に高級ブランドとして定着。

のあいだ、閉じられた瞼《まぶた》、手を合わせたときの掌《てのひら》、頬杖をついたときの掌、こぶしを握りしめたときの掌、額に押しつけられた指先、組みあわされた腿《もも》と腿のあいだ、収縮した括約筋……このような場に魂は生まれるというのだ。

もっとも身体のどこでもこうした魂のキャッチボールが起こっているわけではない。肩や背中は、それをもたせかけた外界の物との関係で、ほのかに魂をもつにすぎない。こうして凝集したり拡散したりしながら、魂はわたしたちの身体のあちこちに散らばっているのだ。

セールの視点からすれば、その魂の戯れの痕跡が、いや戯れそのものが、衣服や化粧の文化なのだろう。ファッションはけっしてわたしたちの存在の「うわべ」なのではない。それは、魂のすべてではないけれど、単なる外装ではなく、むしろ魂の皮膚である。

核になる皮膚感覚

他人を生理的に嫌う、ということがある。そんなときひとは、性が合わない、肌が合わない、うまが合わないなどという。そういう違和感は、皮膚感覚のことばで表現されることも多い。

「人間の情緒が、多分に皮膚や粘膜の感覚に依存していることは了解していただけるでしょうな？　たとえば「ぞっとする」「ざらざら」「ねばつく」「むずむずする」……こう、ざっと並べただけでも、いわゆる体表面感覚が、いかにわれわれの気分や雰囲気の形容になっているかがわかります」（安部公房『第四間氷期』）。

体表面の感覚でそういう違和感が表現されるのは、皮膚がじぶんがじぶん以外のものと接するところ、つまりは自他の境界面だからである。自己と他者の境として意識された皮膚を、ひとは「肌」と呼ぶ。だから、肌を許すとか肌を汚すという言い回しは、「操」という、男女のあいだのきわめて精神的な関係を意味する。

この皮膚の上で、ひとはまたさまざまの感覚を交差させる。枝のしなりに筋肉で感応する、ガラスのもろさや綿の柔らかなふくらみを見る、路上の湿りを聴く、音のしずくに触れる。音を聴くと色の残像が生じることもある。

こういう感覚間の共鳴なり越境なりを、心理学者はシネステジー（共感覚）と呼んできた。これは錯覚ではない。逆にこれを錯覚とするような、感覚を器官ごとに縦割りにする考え方のほうが抽象的だ。わたしたちが知覚する世界は、たがいに折り重なるこうした感覚のざわめきに満ちている。

衣服や化粧は、皮膚の様態にかかわることで、じぶんと外界の際を強く意識させるとと

（4）ミシェル・セール　フランスの哲学者（一九三〇―）。感覚と概念的な知性に向けた哲学を展開してきた。著書『ヘルメス』『五感』など。

もに、シネステジーを活性化させる。ファッション、つまり一時代の感受性のスタイルが、肌に密着する服装だけでなく、日用品の手ざわり、音楽や言葉の響き、空間の気配など、身体環境のデザインにまで深く浸透していくのは、ファッションがそういう皮膚感覚を核としているからである。

貧しくなる皮膚感覚

子どもの皮膚はいつもなにかに密着している。母親の胸や背中（そういえば最近、おんぶしてもらっている子どもをめったに見ない）。北方の国には、母親が赤ん坊を服とじぶんのからだのあいだに入れて背負い、背中でおしっこをさせ、前に回しておっぱいをやるというふうに、服のなかですべてをさせる習慣をもつところがあるという。

あるいは毛布。よく毛布の端っこをしゃぶりつくす子どもがいる。そういう子どもは毛布を洗濯されると泣きだす。おとなが臭いといい聞かせても納得しない。匂いの染みついた毛布はじぶんを溶かしこんでいるなじまれた空間だから、新しい毛布に触れると、まるでじぶんの皮膚が剝がされたように、ひりひり感じるからだろう。

さらに体内。母胎のなかで赤ちゃんが最初に経験する皮膚感覚を音の感覚（母親の体内を流れる体液の音、呼吸の音、消化の音である）だとし、それを「音響浴」とよぶ精神医学者もいる。

それほどたいせつな皮膚の感覚を、ひとは歳とともに外側から見ていくようになる。それをじぶんの体表としての皮膚と外界の物体が接触する出来事というふうに、第三者的にとらえるようになる。

そうすると世界が遠ざかっていく。じぶんが皮膚の内部に閉じこめられて、まわりの物や空間は、じぶんと切り離された異物として意識されるようになる。いいかえると、物との接触に過敏になってくる。物をやたらに口にふくまず、物とのあいだを隔てるクッションとして空気を強く意識するようになる。そうして空間を見ることには長けていくだろうが、空間を皮膚で感じることがだんだん苦手になってくる。空間がわたしやあなたのからだを入れる容器のように感じられてくる。

いまの住宅設計の寒々とした感じはそういうところからくるのかもしれない。服をデザインするときに、ひとがそのフォルムにばかりこだわるのも、同じ理由からかもしれない。

洗濯する

洗濯といえば、すぐに井上陽水のあの唄を思い出す。

せんたくは君で　見守るのは僕
シャツの色が水にとけて　君はいつも安物買い（『あどけない君のしぐさ』）

そして、ちゃんと糊をつけていない洗いざらしのシャツやズボンといった常着の感覚、つまりドレスダウンが、六〇年代くらいからファッションのメニューのひとつになったこと。それ以来、穴あきやほつれ、裏返しや古着もといったアンチ・モードがすれすれのかっこよさになった。

前項で、いつも寝るときに端っこをしゃぶっている毛布を洗われて泣きだす子どもの話をしたが、幼児だけでなく、おとなでもなにかに集中しているときはあまり着ているものを替えない。調子が崩れそうに思うのかもしれない。洗うと、服や靴に滲みこんだそれまでの空気がみな流れ去ってしまうようなきもちになるのかもしれない。なじんだ時間と空間からじぶんが剝がされるような不安に襲われるのかもしれない。そうすると逆に、洗うことには心機一転という意味が含まれていることになる。女性が髪を切るときのように。

「服を着つづけていると、服が可愛くなる瞬間がくる。それ以降は、クリーニングに出したくなくなり、妻に洗濯機に放りこませたくなくなり、結局じぶんで洗うことになる。服の好きなひとはじぶんで洗え、といいたい。一週間休ませると布はまた膨らんでくる。ウールなら一週間で洗わないとね」。

これはある有名ブランドの生地を一手に引き受けている岐阜の職人さんの言葉である。

この心境に達するには、わたしはまだまだひとの皮膚というものへの愛情が足りない。

まとわりつく視線

〈見る〉というのは視覚の活動である。あたりまえといえばあたりまえのことである。しかし、見るというのはほんとうにふれるということと別の感覚だろうか。

柔らかい音とか乾いた音という言い方がある。これをすぐに比喩的な表現だというのは間違っている。たとえばわたしたちがガラスを見るときには、その硬さと脆《もろ》さも見ている。鳥が飛び立ったあとの枝のしなりには、枝のしなやかさや弾性が見える。あるいは小雨の日、道路を走る車のそのタイヤの音に、わたしたちは道路のねちゃついた表面の感触まで聴く。

それだけではない。それら異なる感覚は相互に干渉しもする。たとえば音が色の残像を変える、赤や黄が滑るようななめらかな身体運動を喚び起こすというふうにである。

物の形状はあらゆる感覚に語りかけてくるのであって、〈見る〉ということもまた「まなざしによる触診」という面をもつことを指摘したのは、哲学者のメルロ＝ポンティ(5)であ

(5) モーリス・メルロ＝ポンティ　戦後フランスを代表する哲学者（一九〇八―一九六一）。身体や行動の現象学的分析で有名。本書の著者がもっとも影響を受けた思想家。著書『知覚の現象学』『見えるものと見えないもの』など。

る。視覚は物に、いやその匂いにさえ触れていくというのだ。

衣服に眼をやるときも同じことがいえる。わたしたちは衣服を身につけた他人の姿に、その装着感まで見るのであって、たとえばたっぷり湿気を吸いこんだ服の重さ、毛羽立った生地のちくちくした肌触り、ストレッチ素材の膚に吸いつくような質感、ランジェリーの柔らかな触感、鈍い光沢を放つビニールの表面の冷ややかな肌理、汗で膚に張りついたブラウスの感触をも、わたしたちは見ているのだ。

からだを見つめられる、服をじっと見られるというのが胸苦しいのは、視線が膚の表面にまとわりついてくるからである。「舐《な》めるように見る」というのは、比喩でもなんでもないのだ。

第二の皮膚

衣服は第二の皮膚だとか、皮膚の延長だとかいわれる。が、それはもはや比喩でなくなりつつある。菌の繁殖を抑えることで汗臭さの発生を防ぐ加工、あるいは抗アトピー性素材、ダニの侵入を防ぐ緻密な組織、環境の変化に応じて汗の蒸発量や体温を精密に制御する繊維など、最近の素材開発の技術には目を見はるものがある。それどころか、色をたくわえて発光させる繊維、体温や外界の温度に応じて色を変える繊維など、着るひとのそのときどきの気分と微細に影響しあう素材もつくりだされている。

わたしたちは、極細の繊維がもつ羽毛のようなやさしい触感や絹より滑りのいい装着感にうっとりすることもあるが、しかし、エナメルのひやりとした感触やラテックスのぬめった感触を心地よく感じもする。皮膚への刺激をもとめて、わざわざ引きつるような、あるいはちくちくするような刺激をもとめることもある。ボディ・コンシャスな服が八〇年代に登場したときは、身体のラインを浮き彫りにするセクシーな服といったイメージでとらえられたが、それはじつは、服と膚のそれぞれの組織が微妙にきしみあうその感触をたのしむ服だったのではないか。

ひとの生命は、温度や音響や震動を全身で感受することからはじまる。〈わたし〉の誕生よりも先に、母胎内でである。誕生後も、肌が荒れたり、鳥肌が立ったり、じんましんが出たり、血が滲むほどかきむしったりと、わたしたちと世界との関係のトラブルは、しばしば皮膚に出る。皮膚が現実を感受するそのような深い装置だとすれば、第二の皮膚ともいうべき新素材は、身体の底に淀む前意識的な記憶や忘れられた野性とも不意に結びついて、世界そのもののテクスチュアを変容してしまう可能性がある。

布が魅せる皮膚感覚

歳をとると、ちょっと硬めのぱりっとしたスーツが似あうようになる。勢いを失った体型やその表面に張りを取り戻させてくれるからだ。柔らかな生地だと、重力に抗することのできない肉のたるみをよけい強調してしまう。

きものを着た老婦人の美しさは、布がつくる直線的な折り目が肉体の枯れを逆に端正さに変えるところにある。美しい肉体を浮き彫りにする若い女性のスキン・コンシャスな服と違って、布と身体と、そしてその間にはらまれた空気とのアンサンブルに深い味わいがある。

衣服のデザインにおいて、日本のそれが西欧にもたらした発想の転換は、この空気の配置という点にあった。二次元の布を切り刻み縫いあわせることで、複雑な起伏をもつ三次元の身体を隙間なく包装するのではなく、一枚の平面的な布を着るひとが行動に合わせて自由にまとうという正反対の発想を、ファッションの世界に挿しこんだのである。

とりわけM・マルジェラやA・マックィーンら若手デザイナーの仕事にそういう二次元の服がめだつ。かつて三宅一生[6]が提示した〈一枚の布〉というコンセプトが、衣服デザインのもう一つの原理として確実に定着してきたのがわかる。

『流行通信』が以前その二次元の服の特集を組んでいた。そのなかで成実弘至が二十世紀末の二次元のクリエーションについて、興味深い解釈をしている。「ジェンダー、セクシュアリティ、家族などかつては女性をひとつのアイデンティティにまとめてきたカテゴリーはその均衡を失い、断片的でつかの間の自己だけがその場その場に一瞬浮き上がる」。そういう断片を集めてゆるい一つの形に包みこむ柔らかな皮膚感覚を、二次元の服が演出するというのだ。

〈自由〉のフォルムは時代とともに変わる。

超極細繊維

長電話になると、ひとは奇妙な動作をはじめる。手もとのメモ用紙に、鉛筆やボールペンでとりとめのない落書きをはじめる。わたしの場合、はじめは三角形のような幾何学模様が多いのだが、それが二、三合わさってまずヨットのような形になり、さらに増殖していって、気がついたら三角形が数十くっついた奇態な図形ができあがっている。どれも角が変に尖っていて、ちょっと危ない感じがする。精神分析の素材にされそうな図形である。

これ、情報学の視点からすると、現実のなかから聴覚情報だけが過剰に提供され、他の感覚との比例関係が狂うので、そのアンバランスを補正しようと、からだが、とりわけ視覚や触覚がみずからに刺激を与えるために、もぞもぞうごめきだす現象だということにな

(6) 三宅一生　ファッション・デザイナー（一九三八—）。多摩美術大学卒業後、三宅デザイン事務所を設立し、コレクション制作を開始。一九七三年にパリ・コレクション参加。わたしたちの存在を窒息させるもの、あるいは包囲してくるもの、そうしたものにたいする無謀ともいえるほど激しい抵抗を見せる服は二十世紀ファッションのひとつの事件となる。

る。

子どもたちが、ファミコンや携帯電話のキーをまるで指を痙攣させるかのように目まぐるしく叩いている様子を見ていると、あるいは、わざわざビニールのひっかかるような感触のシャツを着こんだり、秋口から首筋にちりちりひっかかるようなマフラーをしているのを見ると、触感がうまくあと押ししてくれないいらだちに、あるいは物にふれたときにこちらからの働きかけに抗《あらが》うはずの物のその抵抗感のなさに、触覚がいらついて生まれる現象なのだと思わずにいられない。

いま、新合繊の世界では、天然素材のなかでもっとも細いといわれる絹のさらに百分の一という超極細の繊維が実用化されていて、それがうっとりするような濃やかなテクスチュアを経験させてくれる。人類がこれまで知らなかった触感である。

人間はまず触覚によって世界を感じはじめる。手で身体じゅうをなでまわされる感触、口にふくんだ乳首の感触、くるまった毛布の感触……。現実感のもっとも深部に触感の記憶がある。超極細のハイテク素材はリアリティの根源にある感覚のこの記憶にひとを連れ戻し、しらじらと干上がった現実感を必死で裏打ちしようとしているのかもしれない。

浮遊感覚

かつて工場やキャバレーだった廃墟空間や、地下駐車場、倉庫などの仮設的な空間でコレクションを開くデザイナーたちが増えている。

ビューティビースト（山下隆生）の先年の秋のショーの見せ方には、とくに興味をひかれた。蛍光繊維を使った服が闇のなかから浮かび上がる。光を変えるとこんどは別の模様になる。テレビ画面のなかで明滅する現代人の〈像〉としての身体、〈光〉の身体が、そのまま現実の空間に出てきた感じだ。ブラウン管と都市空間が地続きになっているような奇妙な感覚がそこにはあった。

さらに音楽がその二つの空間をつないでいた。服を装着したり身体を動かすときに発生する音、たとえば合成繊維による衣ずれの音や足音、ブーツの紐を締める音、ベルトのきしむ音などを合成し、変換してできたアブストラクトな音楽だ。

ここには、服を着たときの触感が外界と連動することで、じぶんが拡張されていくような感覚がある。この若い作曲家は、「服についたナフタリンの匂いが外部へ拡散してゆく感じ」と表現していた。

皮膚感覚や嗅覚といったものが、なまのマッス（塊）としての身体から離れて、都市空間のなかを浮遊しはじめたかのようだ。事実、いつごろからか「臨場感」というわたしたちの感覚が、ブラウン管という情報空間のなかの感覚とたがいに深く浸透してきている。「とんがった」デザイナーたちは、そういう感覚の囲いこみに抗おうとしているのかもしれない。あるいはそういう陽炎《かげろう》のような現実のはかなさに共振しようとしているのだろうか。
「見る／見られる」という構造で空間を分割しているかぎり、それももどかしいのだろう、ショー形式から離れるデザイナーもぽつぽつ出てきた。

新触感

食品にもモードがある。とりわけデザートの世界は流行がはげしい。ティラミス、ナタデココ、パンナコッタ、コンニャクゼリー……。これらの流行食品がこだわっているのも、じつは表面のテクスチュアだ。

はり、こし、とろみ。ぱりっ、さくっ、しゃきっ。ぬるぬる、べたべた、つるつる、さらさら、ふわふわ。こうした口あたりの表現はまた、そのまま肌ざわりや着ごこちの表現でもある。

人間のからだはよく、口と肛門を両端とするチューブにたとえられる。そこで、チューブの外壁で起こる皮膚感覚が肌触りだとすれば、内壁で起こる皮膚感覚が口あたりになる。ともに表面のテクスチュア感としては同じ性質の感受性だ。

さて、そうした微妙な口あたりを演出する鍵はハイドロコロイド（水溶性高分子）にある。寒天や澱粉、卵の白身やゼラチンなどにも含まれる成分で、これが食品をやわらかく固まらせる。そして歯ごたえや舌ざわり、喉ごしなど、食べものの触感をこまやかに調整するのである。

同じことが、数年前から流行しているピーチ・スキンとよばれる超極細繊維の生地についてもいえる。天然繊維のなかでももっとも細い絹の、さらにその百分の一の細さである。このフェイク（模造品）はもはや偽物ではない。この人工繊維のもつ触感は、人類がおそらくはじめて味わうものだ。

人間がもし、まずは触感で現実の初歩的な確認をするのだとすれば、新しいテクスチュアの創出によって、リアリティの感覚も変容するはずだ。本物か偽物かという区別はもはや意味をなくし、フェイクのもつ独自のリアリティが、真偽の彼方にある第三のリアリティとして浮上してくる。そういう新しいリアリティの創出が、テキスタイル・デザインの課題となりつつある。

磨耗する皮膚の感受性

ことしも花粉症がはじまった。わたしの眼も鼻も、みなじゅくじゅくになっている。数年前までは、皮膚にじんましんができた。顔にもひどい湿疹が出て、年度末の送別会もずいぶん欠席したものだった。

わたしたちと世界とのあいだでどこかバランスが崩れ出したとき、あるいはそのあいだにひどいきしみやずれが生じたとき、わたしたちの皮膚にしばしばトラブルが起こる。肌が荒れたり、鳥肌が立ったり、じんましんが出たり、腫れものができたり。花粉症もおそらく、わたしたちと環境とのあいだで発生しているそうした違和のひとつの現象なのだろう。

皮膚はわたしとわたしでないものの境界面だから、両者の関係がうまくいかなくなると、その境界面にまずはその徴候が現われるのだ。

呼吸や栄養摂取からコミュニケーションまで、生きるということはじぶん以外のものと関係することだから、自他の境界、内外の境界である皮膚はその意味で、生存のリアリティがもっとも明確に、そして微細に感じられる場所である。

そういう重要な場所、危険な場所であるから、わたしたちはそれに意識過剰になることがある。清潔とか衛生の意識というのがそれであろうが、そのためにだんだん異物にじかに触れることを回避するようになる。魚をじぶんでさばかない、生鮮食料品にはラップをかける、けがをするような遊びはしない、取っ組みあいのけんかをしない……。

こうして皮膚の感受性はだんだん磨耗させられていく。衛生的という口実のもと、肉にも魚にも、野菜にも加工物にも透明なラップをかけて、その表面の触感を同一にしてしまうのだから、まあ自業自得といったところである。

「もしきみが身を救いたいと思うならば、きみの皮膚を危険にさらしなさい」。

そう書いたのは、フランスの思想家、ミシェル・セールである。

変貌する下着

地下道に若い女性がカラフルなミニをはいて十人、お尻を向けて並んでいる大きな広告写真が張りだされた。が、数日して突然、スカートがはずされた。あれっと思ったら、お尻のところ、カラーは同じだけれどガードルに替わっていた。

ふと、ランディ・バース選手の広告を思いだした。ある日、新聞の一面広告であの髭面が出たと思ったら、翌日なんと髭がすっかり剃り落とされていた。シェイバーの広告だった、と思う。ということは下着ももう、今では、顔の一部という感覚で意識されているということだ。下着で被われた身体部位は「妖しさ」を削ぎ落としつつある。

下着は、かつては意味の宝庫であった。下着がちらりと見える、あるいは透けて見えるというのは、異性の視線を揺さぶり、引きつらせるものであった。それはひとの秘密の内部へと、異性の意識を誘いこむ導火線であった。

下着は本来、パブリックな身体とプライヴェートな身体の境界に位置する衣装である。下着は他人の視線にさらしてはいけない部分を覆い隠す。下着は、わたしたちの内部と外部、私的な身体と公的な身体を分離するアイテムだ。だからひとの意識はその場所でおろしてしまう。下着の変化は、そういう公私の意識の微妙な変化を映しだす。

だが、そうした下着から、翳《かげ》りがすっかり消失してしまった。からだの表面がだんだんパブリックになってきた。下着の物語性の希薄化は、下着の多様な機能を、ボディ・スーツのように「インナー」としてひとつにまとめるようなアイテムの増加にも見いだせる。わたしたちにとってほんとうにプライヴェートなものは、いつのまにか、からだという場所で意識されるものではなくなってしまったらしい。

視覚の触覚化

地下通路の広告で見たあの十個のお尻について、もう一言。あれ、ヒップ・アップのための下着の宣伝なんだそうである。が、ガードルのように固くなく、下のところで持ち上げ、あとはプルルンと揺れ、震える柔らかヒップを極薄の生地で被うだけ。「やさしくつつむ、きれいにささえる」というのがうたい文句なのだそうだ。ヒップ・アップしたいけど、窮屈なのはシンドイという、いまの消費者の「わがまま」なニーズに応えて開発されたという。

シャツの丈が短くなり、パンツが流行りだし……。こうしたことが重なって、いやがうえにもヒップ・ラインが目立つようになり、つい意識がそちらにいくようになったのだろう。が、柔らかいヒップというのがミソ。「寄せて、上げて」のあの胸元と同じような、柔らかな膨らみがお気に入りらしい。あるいは、締めつけるのではなく包むという感覚がポイントらしい。

ヴァーチャルな映像が増えるにしたがって、逆に視覚からなまなましさが消えてゆき、なにやら視覚が触覚性をもとめて、もぞもぞ動きはじめたようだ。あの震えるような肉の感触に、あるいは繭に包まれた太古の状態への退行に、身をゆだねだしているのかもしれない。ファッションには、そのような、言葉にならないし、じぶんでもほんとうはよくわからない感覚や感情が、突然浮かびあがる。

こうした下着ファッションには、かつてのように異性を誘惑したり、からだの秘められた意識をほのめかすといった隠微な感じはない。からだを見せたり隠したりするのではなく、「わたし、こんなからだが好き」といった身体意識（ボディ・コンシャスネス）が、身体表面にストレートに可視化されているような気がする。ファッションにおける下着の位置が微妙に変わりつつある。

アウター化するランジェリー

服の表っていったいどの部分だろうと、ふと思うことがある。服の表というと、ふつうは外から見える面を考えるけれども、着心地ということを第一に考えるならば、肌が触れる最初の異物、つまりは皮膚が接触する服の裏地の面が、服の表だといったほうがいいかもしれない。

最近はシルエットでなく生地の風合いで服を選ぶ女性が増えているようだが、そういう意識からすれば、皮膚と接触する面こそ服の表だといえそうである。ひところ、若いひとたちのあいだでブラウスやTシャツを裏返して着るのが流行したが、それなども服の表裏の感覚の変化を微妙に映しだしていたのかもしれない。

肌にじかに着る衣料、つまり下着には、肌合いを心地よくするだけでなく、上着のすべりをよくしてひっかかりをなくしたり、上着をつけるそのボディの形を整えるといったファンデーションの機能もある。その下着が、ここ二、三十年のあいだにどんどんシンプル化し、さらには省略される傾向も定着してきた。とりわけスリップというのは、統計でみても、売り上げが激減している。

しかし見方を変えれば、下着は増えてもいる。あるいは、インナーとアウターの差がなくなってきたといってもいい。数年前にはゴルチエなどがコルセット・ドレスのようなものを提案したりしたが、ことしなどは柔らかなランジェリーをそのままアウターにしているような服が目立つ。ワンピースの上にさらにランジェリーをはおるような着方もある。

皮膚感覚に微細に訴えるような服がもとめられるようになればなるだけ、かつて下着製作に投入されたノウハウが生かされることとなる。絹のような肌ざわりとかストレッチ素材のもつ伸縮性など、触感に意識を集中してきたのが下着デザインである。〈第二の皮膚〉という服の定義にかぎりなく近接するであろう未来の服は、下着産業とスポーツウェア産業がこれまで蓄積してきた技術によって支えられることになるにちがいない。

ルーズで大人を演出?

「ルーズストッキング」という新種の靴下が、話題になり出している。ルーズソックスがすでに廃《すた》れたころに、そのストッキング版がもう少しおとなの女のひとにはやりだすって、ちょっと季節はずれの感がないでもない。色は靄《もや》のような白。肌色だと靴下のただのゆるみでしかないが、白いと別の効果がある。

ルーズソックスのように膝から下、くるぶしまでをたるませて履くので、長さが二メートル近くになる。脱いだあとはたしかに通常の脚のイメージを逸脱していて、見れば薄気味悪くなるかもしれない。まるで蛇の脱け殻のように。

このストッキングをわたしがはじめて見たのは、数年前のコム・デ・ギャルソンのコレクションで。十数枚白い布を重ねた服の、その断面をおそろしくシャープに切断して見せる、まるでサナトリウムにいるかと錯覚しそうなコレクションで、そのとき脚元がルーズなストッキングになっていた。吹けば消える雪のベールのような薄布。ルーズソックスが盛りのときに、どうせやるならこれくらいにやらなきゃ、というふうにプロが見せた見本のようなコレクションだった。

ストッキング。これは考えてみれば奇妙なアイテムで、夏冬関係なく、現代の女性はその脚をこの透明の薄布で隙間なく被う。海辺のサンダル姿のときですらこれを履く。脚の皮膚の生傷やしみを隠す、脚を艶やかに見せる、そんな効果があるのだろう。ときに脚を均質の無機物のように見せて、フェティシズムの視線にこたえることもある。ルーズストッキングは、脚に密着した透明の包装ラップというよりも、綿菓子ごしに空気に触れる皮膚の襞《ひだ》という感じがする。まるで身体と世界のあいだに挿入されたクッションのような。空気の変化に過敏な女性たちの魂の〈傷つきやすさ〉がそのまま形になったような。だが、これもすぐ、ただの流行の記号でしかなくなるだろう。

3　メイクと「おもて」

土色リップ

土色のリップをした女性を見かけることがある。血豆色の、あるいは藻のような緑色、薬液のような青色の、異様に長いネイルにもときどき出くわす。青あざシャドウなどというのもあるらしい。一度だけ、だれかに殴られて眼のまわりが内出血しているような赤のシャドウを見たこともある。これを称して「不健康メイク」、「顔色わるーいメイク」などというのだそうだ。十九世紀末のヨーロッパにも病弱崇拝はあったから、べつに驚くほどのことはないのだろうが、それでも近くで見ると心臓がどきっとする。

これに、極端な細眉や金髪、エスカレートするばかりの女子高生のルーズソックス、ピンクハウス系のヒラヒラの重ね着やモード系バンドの衣裳のコピー、さらには盛り場の金ピカ・シャネルなどをもふくめて、〈悪趣味〉の大流行である。ヒッピーの貧乏主義（あるいは不潔）もすさまじかったが、コギャルを中心とするこのバッド・テイストの流行もなかなか凄味がある。

パンクのようなアンチ・モードがテレビのコミカルなCMに出だしたころから、都市の表層にもいいようのない閉塞感が漂いだした。どんな激しい抵抗もこの社会では、ファッション・アラカルトのひとつとして吸収されるという、まさに出口のない閉塞感だ。その極みとしてバッド・テイストがあるらしい。

どんなひんしゅく物のファッションに身を包んでも、趣味のワン・オブ・ゼムへと回収される。なにをしてもいつも先まわりされている。だったらもう、「最悪」をやるしかない。で、悪趣味な色づかい、下手なコーディネーション、不健康メイクというわけだ。これ、おしゃれにいっさい無縁な人の服装と紙一重なところが、なかなかアブナイ。

けれども、そういう悪趣味な服やメイクのあいだからのぞく身体は、つるつる、さらさら。とても清潔感がある。そのアンバランスがまたちょっと不気味。

ピアッシング

ピアッシング。このごろではもう、すこしも珍しくないファッションだが、出はじめたころはたしかに抵抗がなくはなかった。

ピアッシングというのは、からだに孔《あな》をあけるという行為である。そのかぎりでは、ファッションとしてことさらめくじらを立てるような大した問題ではない。ファッションはこれまで、いつもからだを加工しないでいることはなかった。髪を切ったり、新生児の間に形を整えるために頭部を板で挟んで固定したり、顔のいくつかの部分を彩色したり、ブラジャーで乳房を持ちあげたり、コルセットで腰を絞りこんだり——十九世紀の踊り子のなかには、細いウエストをつくりあげるために、肋骨を何本か手術で取り除いたものもいる——、ハイヒールで足の形を紡錘形に歪めたり、ときには皮膚に刺青《いれずみ》をほどこしたり……。つまり、ファッションのためにからだのパーツを変形するなんて平気でやってきたわけで、その意味ではピアッシングなんてかわいいものだ。

が、ピアッシングというのは、日本の服飾史のなかで見るかぎりは、なかなかすごいファッション・エピソードだ。というのも、この国では、ピアッシングは縄文文化期以来、およそ三千年ぶりのファッションの復活なのだから。日本人は長らく、身体に孔をあけるファッション、身体に金属の輪を装着するファッションを放棄してきた。女性たちは主として木や鼈甲《べっこう》を使うようになり、明治時代に洋服の文化が入ってきてからは、ネックレスや指輪を装着し出したが、耳に孔をあけて金属のリングを通すというのは復活しなかった。

それが、縄文期の耳飾りほど大きくはないにしても、ピアッシングはまるでスタンダードといっていいまでに普及した。百貨店の売り場でも、イヤリングよりはピアスのほうがはるかに探しやすい。

これをどう解釈するか、からだの意識の変化をはじめとしてさまざまな要素が絡み、とてもひとつには読みきれない。ひとつの解釈として、わたしはこんなふうに考えるとおもしろいとは思っている。ピアッシングとは、思春期のひとがじぶんのために行なう「たったひとりの成人式」。現代の若いひとにとって二十歳の成人式というのはまったく形式的なものだ。二十歳にはもう、多くのひとが職業につき、酒を飲み、煙草を吸い、セックスを経験している。おとなのすることの多くをすでに「初体験」としてはすませている。

ピアッシングは、そんな十代が、「このからだはわたしのものであって、もうあなたがたのものではない」と、親に向かって、大人たちに向かって、宣言する行為だと考えられはしないか。じぶんのことはじぶんで決めるから放っといて、という決意表明だ。

とはいえ、ピアッシングはすぐに、年配の女性たちにまで浸透していった。そうすると思秋期のひとのピアッシングは、だれへの決意表明？　うーん、やっぱりこの解釈をとるのはやめにしよう……。

細い眉

六〇年代後半の女性たちのアイメイクは極端だった。眉を派手に描きかえ、ついでに眼のまわりをパンダのように大きく縁どり、幅三ミリはあろうかという二皮目のラインを眉と眼のあいだに描きこみ、それに長さ一センチくらいのつけ睫毛をした。あるいは、睫毛を墨で描いた。なにかを押しだすという、強いメイクだった。

これにくらべると、いまのアイメイクというのは、まるで表情を弱めるためにしているような印象がある。

そのひとつが、細い眉。眉は、顔のなかでも感情をもっとも微細に映しだす部分だ。ためらいやはじらい、迷いや疑いが心に浮かぶだけで、ぴくぴく震えたり、歪んだりする。だからむかしの公家は眉を剃った。額の筋肉の上端あたりに描きかえることで、それも薾《まゆ》のような丸いかたちにすることで、動きがなくなって、表情を隠せたからだろう。

世界をもっとゴージャスに感じたい、そんな気分でひとは眼を縁どり、耳を飾り、唇を光らせる。が、細い眉は、見る器官をデコレートするというより、表情を隠すという引き算のイメージのほうが強い。

与えられた眉を自由気ままに変えているようでありながら、じつは定規を添えて描くなど、極端な画一性のなかにあるのもおもしろい。強制された制服の画一性を逆手にとって、ソックスのたるみとともに、「超」画一的なスタイルのなかにじぶんを埋めこもうとしている。群れのなかのほう、なかのほうへ入ることで、身を護りたい……そんなふうにみえる。

覆面としての眉？　そういえば、太い脚、裾広がりのソックスは、普段着のときの厚底のブーツとともに、大地に根をおろすという、原始母のプリミティヴ・イメージにどこかでつながってみえる。盛り場に古代の部族集団が、傷つきやすい鎧姿で集結しているみたい。

ヘアメイク

この数年くらいのあいだに、頸から上のメイクのしかたがずいぶん変わった。眉は毛を抜いて細く長く描き変えるのがふつうになったし、ピアスもすっかり定着し、耳たぶ以外の場所についていても驚かなくなった。髪を明るい茶色や金色に、ときには赤や青に染めるのもめずらしくなくなったし、口紅だってレッドやピンク系以外に、ベージュやシルバー、濃いあずき色もよく見かけるようになった。

顔は自然のままで、服はいろいろに替えて……といった装いの「常識」がわたしたちの意識に浸透してきたのは、いつごろからだろうか。とにかくそれ以来、メイクもナチュラルを志向するようになり、とくに髪の装いはずいぶん地味になった。華やかなファッションのなかで、頭部だけが陥没しているような感じになった。顔のなかでいちばん自由にデザインしやすい部分、つまり髭も、多くの男性は剃り落とすようになった。

深い剃りと長髪の髷《まげ》とが極端なコントラストをなす武士の頭部、あるいは銀杏《いちょう》に結った婦人の髪の櫛や簪《かんざし》やつまみ細工の飾り、あるいはおくれ毛の美学などを思い起こすと、いまの地味な化粧法のほうがひょっとしたら例外的なのではないかと思えてくる。ヨーロッパでも近世には、男性では巻毛を多用した派手なかつらが、女性では青・紫・黄など派手な髪粉が大流行した。

顔は自然のままで、服はいろいろに替えて……。つまりからだは自然、服は文化、といった二分法がじつは作り話だということを、ひとは久しぶりに思いだしたのかもしれない。からだが第一の服だといってもいいし、逆に服が第二の皮膚だといってもいい。そういう感覚でみずからを装いだしたような気がする。

眉を別の場所（額の上部）に描きかえた昔のお公家さんや、逆立つ蛇の髪をしたメドゥーサ（ギリシャ神話中の女性）に見られるようなディープな想像力を、ひとはやがてまた取り戻すのだろうか。

素顔の喪失

卒業シーズンがやってきてお化粧の講習を、というのはひとむかし前の話。いまではもう、中学生の時分から眉を剃って描きかえたり、ピンクの口紅を塗ったりしている。服を着がえるように、顔を着がえる。

男子も同じ。眉をみみずのように細く整えたり、まめに洗顔したり、染髪したり。修学旅行にも、ヘアやスキンのケア用品一式をビニールの袋に入れて出かける。身のまわりにそういう種族がいないのでよく分からないが、男子にも「おのこ」なりのお泊まりセットというのがあるのだろうか。

トンちゃん（村山富市元首相）の、眼の上の軒先のような濃い眉ではないが、男性の眉というのは歳とともに外回りに四十五度くらい移動する。眉の合わせ目あたりが歳とともに薄くなってきて、逆に外側が勢いがついて太くかつ伸び放題になってくる。歳をとり、外側が重くなってくると、どんなに反抗的だった男も不良もみな物分かりいい好々爺になるが、これもハの字型になった眉の印象が大きいのではないかと思う。

ということで、これまで化粧などしたことのないわたしも、最近、家人が見るに見かねて鋏《はさみ》で眉を処理してくれるようになった。で、眉が少し細くなった。

女性がメイクを落としたときのあののっぺりした、とりとめのない顔というのは、「素顔」なのだろうか、それとも加工した顔なのだろうかなどと、まるで他人事のように考えていたわたしも、知らぬまに「素顔」をなくしていたわけだ。でもよく考えてみれば、毎朝忘れもせずきれいに髭を剃っているというのもあきらかにメイク（顔の加工）であるわけで、そうすると男性にだって「素顔」はないということになる。

かつて和辻哲郎(1)が面について論じたときに、彼は、顔を思い浮かべることなしにあるひとのことを思うことはできないと書いた。が、その顔が作られたものだとすれば、そのひとと自身も作られたものだということになる。わたしたちは他人に、「あなた自身を愛します」などと軽々しくいってはならないのである。

他人の視線にじぶん映す

京都のある私立大学に、化粧セラピーに長年取り組んでいるグループがある。他人にじぶんがどう映っているかにほとんどなんの関心ももたなくなっている老人性認知症の女性を対象に、症状の進行を化粧で止めるという試みをおこなっているのだ。

学会でその報告ビデオを一部見せてもらう機会があった。鏡の前に座ってもすぐに居眠りをはじめる女性、大きな鏡の前に座ってもそこに映るじぶんにはなんの関心もしめさず、すぐに瞼がおりてくる。が、あせらず少しずつ化粧をほどこしていくと、わずかながらも目が輝いてくる。なにかに向かうという気力が生まれてくる。

ファッションとは、ひとがからだをもってある社会的な場に出ていくときの、そのスタイル（見え姿）のことで、だから他人の前のじぶんというものが強く意識される。じぶんがじぶんから離れてじぶんを見るわけで、この距離がひとりひとりの〈わたし〉をかたちづくる。

ところで、ファッションといえば、すぐに自己表出だの個性の表現だのといった言葉が続くが、着飾るだけがファッションなのではない。他人と比べてできるだけ目立たないで

（1）和辻哲郎　哲学者、思想・文化史家（一八八九―一九六〇）。解釈学的な方法をもちいて独自の風土論や〈間〉の倫理学、日本倫理思想史などの研究に取り組んだ。著書に『古寺巡礼』『倫理学』『鎖国』など。

おこうと意識するのもファッションだし、スカートに深いスリットを入れたり、頭に珍妙なアクセサリーをつけて相手を誘ったり微笑ませたりするのもファッションだ。

他人の眼に映るじぶん、それへの関心を失うとき、ひとはおそらくじぶんへの関心をも失う。じぶんのことより先に他人の気持ちに思いをはせること、それをわたしたちはエチケットやマナーと呼んできたが、それがまわりまわってじぶんを支えることになる。ひとはじぶんが他人の関心の対象になっているときに、じぶんの存在をもっとも強く感じるからだ。だれの眼にもとまらないほど、淋しいこと、つらいことはない。

ファッションとは他人の視線にじぶんを映すことで、じぶんをまさぐる行為なのだと思う。

なぜ髭を剃るのか

化粧といえば、まるで女性のものと決まっているかのように語られる。男性であれば、ビジュアル系のバンドの話くらいにしか受け取られない。

しかし、わたしたちの社会でもっとも過激な化粧をしている種族といえば、案外、男性サラリーマンなのではないだろうか。

詭弁を弄しようというのではない。女性のメイクというのはせいぜい眉を剃って描き変えるくらい。あとはパウダー塗ったり香水をふりかけたりして、表面を演出するだけだ。

ところが男性のメイクは、からだにじかに介入し、それを加工する。鏡に向かい、丹念に髭を剃り、もみあげを整える。女性が下着で体型を補正するどころのさわぎではないのだ。まあ女性も、脇の下などまるで毛など生えたためしはないかのようにきれいに剃ってはいるが。

服装だってそう。スカートにストッキングにハイヒールなんて女性の格好も考えてみれば変なものだが、男性のネクタイはそれ以上に奇妙である。いったいなんのために、ぶらーんぶらーんと、あんな布を首からぶら下げるのか。

で、ふたたび髭である。男性はなぜ毎朝、まるでなにかに憑かれたように髭を剃るのだろう。

わたしの考えでは、あれは握手に代わるものなのだ。初対面のひとがたがいに身分も性分も知らぬまま、相手を攻撃する意思がないことを知らせるために、武器はもっていませんという意味で手を差しだすのと同じように、髭を剃るというのは、表情を隠さねばならないような邪悪な意思をわたしはもっていませんと、街であう他の市民一般に表明するために編みだされたのではないだろうか。

わたしたちはすっかり忘れているが、たがいに身元のわからない同士が至近距離で生活する都市というのは、本来ひどく危険な場所なのである。

お面という装置

非日常の装いといえば晴着や礼服といった儀礼用の衣裳がすぐに思いつくが、もうひとつ、お面がある。面は「おもて」とも読み、仮面だけでなく顔そのものも意味する。「おもてを上げい」という、時代劇の台詞によく出てくるあれである。そういえば西洋語の「マスク」にもそういう二重の意味があって、マスクは仮面であったり風邪をひいたときに装着するマスクでもあるが、甘いマスクというときのように顔も意味する。「おもて」であれ「マスク」であれ、それらの言葉はきっと、素顔と仮面、ほんものの顔といつわりの顔という区別よりも古い、人間の〈表〉という現象への感受性を言い当ててきたのだろう。

ところで、お面は顔を被うことで、からだ全体におもしろい効果を生む。たとえば、土屋恵一郎さんの話として以前にも紹介したが、能面を顔面から少し離して装着し、からだを視野から消すと、身体がおぼろげで不安定なイメージへと拡散してしまう。そこで、体勢をしっかり保つためにからだの力を内側から組織しなおさなければならなくなる。こうして物質の塊としての身体ではなく、運動への構えとしてのからだのはたらきがあらためて喚起される。

目隠しにも同じような効果がある。視覚を遮断することで、眠っていた皮膚感覚や平衡感覚があざやかに甦ってくる。

あるいはパントマイムに見られるように、顔を白粉《おしろい》で厚く塗りつぶして、顔からの微細な信号を消すことで、指や頸や脚が、顔に譲り渡していたコミュニケーションの機能を取り戻す。

お面や目隠しや白粉は、このように、世界との関係の回路を狭めることで、逆に身体感覚を研ぎ澄ましていく。では衣服はどうか。衣服もまたからだを覆い隠したり、身体とのあいだに間《あわい》を作りだしたりするが、そのことでなにを企んでいるのか。

衣服も身体表面に制限を加えることで、視覚や皮膚感覚だけでなく、からだの構えや内臓感覚にまで介入していく装置としてあるのだろう。

顔は花、衣服は花瓶

沖縄尚学高校の初優勝で春の選抜が終わり、プロ野球もはじまって、いよいよナイター中継やスポーツ・ニュースで宵のテレビがにぎやかな季節になる。退社後、街で電光掲示板に目をやる回数も増えてくる。

以前、テレビの対談でふと野球に話が及んで、どうして日本人は野球が好きなんだろうという話になった。相方の答えは、日本人は十人足らずくらいの集団行動が性分に合うのだろうというものだった。会社の課もちょうどそれくらいだ、と。いや、ホームに帰るのが好きなんだろうというのが、わたしの答え。

どちらが正しいかは別として、名刺じゃないが、会社や出身大学をはじめ帰属先にこだわるのも日本社会の特徴だろう。帰属のしるしといえば、野球ならユニフォーム。顔以外のすべての皮膚は、共通の表面ですっぽり被われている。会社人から国会議員まで、紺か灰色の背広に身を包んでいるそういう社会の写し絵のように。

顔を花に、衣服を花瓶にたとえたひとがいる。衣服は顔を引き立てるためにある、という意味で。

たしかにひとの存在が顔に凝集させられているのがわたしたちの社会だ。パスポートや身分証明書から指名手配のポスターまで、ひとを同定する手段となるのは顔写真である。これは、現実というものが視覚を中心に編成されている社会の特徴であるといえるかもしれない。現にわたしたちは、社会の情報を新聞やテレビ・ニュース、パソコン通信など、視覚メディアから得ている。

かつては、顔より背中にそのひとの存在が濃く浮き出ているひとがいた。姿かたちよりも、暗闇のなかの衣擦れの音や香の匂いにより妖しいエロティシズムが感じられたときもあった。気配でだれかわかる、そんな他人の感じ方があった。ひとの〈顔〉が、全身に溢れかえっていた時代が。

淋しい電車内メイク

電車のなかで、メイクをそっと直すというより、化粧用具を出してしっかりメイクをするひとを見ることが多くなった。一時期までは、二十代のひとが多かったように思うが、最近は十代にそういう女性がどっと増えているような印象がある。

そういう女性が現われだしたころは、最近のメイクというのはどんなやり方をするのだろうと、ちらちら見るともなく見させてもらった。眉から睫毛へ、頬から唇へ……。たいへんなものなんだなあ、あそこまでやるのか、と感心していた。

そのうち、あのひとにとってぼくの視線はなんでもない、つまりわたしは少なくともあのひとに他人として認められていない、そう悟って、ちょっと腹立たしくなってきた。ひとなかでの携帯電話の長話と同じで、他人への配慮、他人への感受性というのをすっかりなくしているのだ、と。

いまは、座席で眼をつむって、こんなことを思ったりする。ひとの顔というものに切迫感がなくなってきたのかな、と。わたしの顔はテレビの画面に映るもうひとつの世界のようなものなんだな、と。

が、ふと思った。そんなふうにしか見てもらえない（いや、その存在に気づかれもしない）わたしもうら哀しいけれど、それよりもっと彼女は哀しいのかもしれない。幼いころからテレビを見つづけてきて、そこに映る世界に夢中になってきて、しかし見ているじぶんはその仲間に入っていないと思い知らされてきたのかもしれない。

じぶんだけが仲間の外にいる。その世界に参与していない。その場所にじぶんの居場所はない……。そんな思いでブラウン管の前にいる時間は、なんと淋しいものか。「だれかとつながっていたい」。そのつぶやきは、痛々しいまでに淋しい。

淋しいひとよ、いまこそテレビから離れよ。

模倣の皮肉

毛穴にたまった皮脂や汚れを取り除く「シーバムパック」という化粧品が人気だ。もうひとつ、若い女性たちのあいだで評判なのが、古風な脂取り紙。汗をかいたとき、化粧の上からぬぐうのになかなかいいそうだ。ただしこれ、職業柄きもの姿のひとが多い京都の祇園界隈でしか売っていないらしい。

が、そのローカルな商品商法がまたたくまに全国を駆け抜け、小さなお店に注文が殺到する。模造品も大量に出まわる。そういえば先日、東京の友人が、出張で大阪駅に降り立っても、以前のように、女性の顔に違いを感じなくなったといっていた。これ、きっとメイクのせいではないかと思う。

かつてロジェ・カイヨワ(2)は、仮面が制服に入れ替わったところに「近代の堕落」を見た。化粧はかつて変身という自己変換の手段であった。宇宙のなかでの自己の位置を変換する、そういう行為の手法としてあった。化粧(コスメティック)は、大げさにではなく、宇宙的（コスミック）な意味をもっていた。同じ共同体の他のメンバーに向けてというより、宇宙に向けて身を開く、そうした装置として、変身の技術があった。

が、近代の都市生活のなかでは、ひとはふつう別の存在になろうとしてじぶんの外見を大胆に変換しようとはしない。そのように「化ける」ためではなく、じぶんを他人によく見せようと「装う」ために、他人の目を気にしながら外見を微調整するばかりである。そこでは、ひとは禽獣や花ではなく、他者を、たとえばスターを模倣する。同じファッション雑誌を見て、同じ化粧法で、である。そして結果として、皮肉にも、個性的になるはずの外見がむしろ没個性化してくる。

いま、顔もまた制服を着だした。日本だけでなく、アジアのアイドルたちの顔まで似通ってきた。生活様式が似てきたこともあろうが、それ以上に同一の情報が顔を標準化したのだろう。

美の勝ち組と負け組

メイク、ダイエット、補正下着、美容サロン、整形……。女性たちの美への願望にこた

（2）ロジェ・カイヨワ　フランスの社会学者、人類学者（一九一三―一九七八）。社会神話、知的神話にかんする数々の著作を残し、「対角線の科学」に基づく想像世界の解明を試みた。著書『神話と人間』『反対称』など。

えようとする産業は多い。市場は兆単位で動いている。

人間にとって美への願望は相当に根深いものである。美とは価値の観念であるから、放っておいてもある感覚的な基準を生みだす。つまり美醜の「差」を意識せざるをえなくなる。人間に美というカテゴリーを適用するのは、もともと残酷さをともなうものなのだ。

で、ビューティ産業は「やさしい」語り口でオブラートをかける。「きれい」は外見だけじゃない、内面から磨かないと……。が、この論理は、きれいじゃないと内面までだらけているというメッセージにかんたんにひっくり返る。恋愛をするときれいになる……。すると、恋愛していないとじぶんにどこか欠陥があるかのように思ってしまう。

美の理想は刻々と変化しているという言い方で、残酷をやわらげることもある。これもしかし、「差」を再生産する言説だ。女性を女性同士で競わせる言説、外見という小さな領域へと女性の意識を閉じこめようとする言説だ。そして、勝ち組と負け組をつくる。

健康を自己管理の問題にすりかえると、健康を損なったのは管理を怠ったせいだ、努力が足りないからだ、といった理屈が脅しのように迫ってくる。身体管理が道徳の問題になってしまうのだ。美についても同じことがいえる。ある基準――その典型が理想的なスリーサイズ――を設定すると、そこからのずれを逸脱や欠陥として意識せざるをえなくなる。

そう。〈美〉の観念は膚を透明にするかもしれないが、表情を曇らせる。

「メイクされた顔が「透明」なのは、直接的な表面しか見せるものがないからであり、

「ピチピチした、気持ちよいお肌」をもつことは、じつは、皮膚だけにしかいられない、他の場所には行けない存在になることである」とは、フランスのある思想家の警句である。

怖いほど遠い「じぶん」

ルーズソックスがはやり出したのとほぼ同時期にだろうか、眉をほとんど元の形がわからないくらいに剃りこんで、かわりに細い細い弧で眉を描く化粧が、下は高校生くらいの女性にまで広がっていった。

六〇年代後半のパンダのようなアイメイクや男性の長髪がそうだったし、七〇年代後半のパンクもそうだったし、近年のピアスや金色、ピンクの染髪もそうなのだが、ファッションにおいては、ある日突然、それまでの感覚からは想像だにできないようなスタイルが津波のような速さで伝播してゆく。

服はもちろんだが、顔の造作にも流行がある。顔はそのままでもひとりひとり違うものなのに、個性志向の時代にひとはなぜ、わざわざ同じようなメイクで顔をつくろうとするのだろう。「みんな」と似てないことをなぜ不安に思うのだろう。

じぶんというものが怖いほど遠いところにあるからではないか、と思う。

たとえばからだだ。わたしたちはじぶんのからだの内部で起こっていることを、ほとんどなにも知らない。表面も一部しか、じかに見たことはない。他人がわたしとして認めてくれるこの顔、それをわたしは終生見ることはない。わたしはわたしがそれであるところの顔やからだから、これほど決定的に隔てられているのだ。

ここにいるこのわたしと、ここにからだとしてあるわたしとのあいだには、あらためて考えてみると、ぞっとするような亀裂が走っている。この亀裂を埋めようとして、おそらくわたしたちは化粧や服装をみなと同じようなしかたで整えるのであろう。鏡を見るようにして他人をまなざすことで、じぶんもあんな感じなのかと納得しているのだろう。

じぶんというものの遠さ、それがファッションを突き動かしているのだ。ファッションは思いもよらないところでひとを「哲学的」にする。

4　おさまりよく、おさまりわるく

制服は気楽だが……

英語のハビットには、習慣という意味とともに衣服という意味がある。習慣やならわしを意味する語には他にカスタムがあるが、これもコスチューム（衣裳）と語源は同じである。

個人の持ち分が、社会のなかでそれぞれにきちっと決まっていて、階層や職業の移動ということが起こりにくかった時代らしい言葉づかいである。あるひとがどういう人間かは、階層や職業によって定められている衣服によって、一目でわかったのである。

社会が「民主化」されて、職業の選択も自由になり、個人の力で「成り上がる」こともできるようになった時代には、ひとはそのしきたりやならわしから自由に装うことができる。

民主社会というのは、その理念からすれば、じぶんはだれかということをじぶんで象《かたど》ることができる、あるいは象らねばならない社会である。そこでは、ひとはじぶんがだれであるかをじぶんで「プレゼン」しながら生きるということになっている。そのとき服装がとても重要な意味をもつのに、人びとは実際にはかつての階層社会よりもはるかに均一的な服装をしている。天皇、政治家から銀行員、教師、サラリーマン、さらには作家や囲碁の指し手まで、同じ背広、しかもほとんど同じグレーか紺の背広を着るのは、それが「市民の制服」だからである。そしてそれを侮蔑するファッションにもまた「反抗の制服」がある。いまならピアスに茶髪、底高靴というふうに。

じぶんでじぶんを象るしんどさを回避して、「わたしたち」という横ならびのファッションに身を溶かせて安心するのだ。

「日本は民主主義の国だ、という。われわれは自由を享受している、という。しかし、強制がないのに、じぶんたちで自発的に擬似制服をつくるような文化のなかで、ほんとうにわれわれは「自由」を知っている、といえるか」。

いまから四半世紀も前に書かれた加藤秀俊(1)のお小言は、いまも耳が痛い。

ひとをつくり上げる制服

服を着替えることでひとは「じぶん」になろうとしているのか、逆に「じぶん」でなくなろうとしているのか、よくわからないところがある。

わたしたちは、派手ないでたちでじぶんを目立たせることもあれば、逆に地味な服装でひとびとのあいだに埋もれてしまうこともある。あるいは「装い」という言葉の意味にもあるように、他人を欺くこともできる。いや、ときには、じぶんを欺くことだってしている。フランスの思想家、ロラン・バルト[2]はそういう意味も込めて、ファッションを、「わたしはだれ？」という問いと戯れる行為であると定義したのだった。

制服は、そのような意味で「装い」の一方の極にあるものだろう。兵士、警官、消防士、運転士、守衛、ガードマン……これらの人びとがいずれの国でも決まってピシッとした制服に身を包んでいるのは、かれらが市民の安全に深くかかわる仕事に就いているからである。かれらは群衆のなかでも、他と区別してすぐに見つけることのできる存在でなければならないからである。

が、制服にはそのほかに、それを着るひとを任務に集中させる、ほかの関心を脇に払って任務そのものになりきらせるという面がある。

(1) 加藤秀俊　評論家、元放送大学教授（一九三〇—）。日常性とコミュニケーションの社会学の先駆的存在。著書多数。
(2) ロラン・バルト　フランスの批評家（一九一五—一九八〇）。言語学、人類学、精神分析からヒントを得た批評を展開。モードを鮮やかな手法で分析した、著書『モードの体系』はモード（衣服ではない）研究者の最重要文献となっている。ほかに『零度のエクリチュール』『テクストの快楽』など。

これを仮装・変装と呼んでいいかというと、そうではない。たとえばスカートやリボンはあきらかに性の制服といってよいが（「女性はスカート」と特定社会のなかで決まっているだけで、そこに機能的な根拠などあるわけではない）、これを着用するなかで、ひとはその社会が期待する「女性形」になってゆくのである。体つきから身ごなしまで。女性がそういう抑圧的なイメージからの解放を求めたときに、まずはブラジャーやスカートを衣装ダンスから棄てることからはじめたのも、同じ理由からである。

「服がひとをつくる」のである。だから背広という平均的職業人の制服を日ごろ着ているひとも、この服のおかげである種の行動を思いとどまったという経験がきっとあるはずである。

リクルート・スーツ

ことしは大学生の会社訪問の時期が早まって、新学期がはじまったばかりのキャンパスでも、やっと学生服から解放された新入生が、リクルート・スーツというもうひとつの制服を着こんだ四年生と出会い、ちょっと鼻をつままれたような気分になっているのではないかと想像する。

でも、汗でシャツがべっとり張りつく季節とくらべると、いくらか気持ちに余裕があるのだろう、すれ違う顔に悲壮感は漂っていない。照れやはにかみの隙間から、ときにときめきというか、ハレの表情が滲みでているような気がするときすらある。

リクルート・ルックというのは、はじめは、企業人に好感をもたれるらしいものを装うものだった。要は、だましのテクニック。ちょっとした緊張感がそこにはあった。が、いまはもう仮面でも隠れ蓑でもない。そういう屈折はあまり感じられない。サラリーマンの背広、女子高生のルーズソックスと同じで、かれらの意識の皮膚によくなじんでいるみたい。そう、ぴったりの制服、服であることを意識しなくなった服だ。

性の制服、「子ども」の制服、暴走族の制服……。「制服する」感受性があるところ、「世間」がある。そして心が「制服して」しまうと、服を着ているという意識もなくなる。棘《とげ》がとれて、なじみのいいものになる。いってみれば、服に張りがなくなるのだ。それどころか、かろうじて服が組み立てていた〈内部〉まで空気が抜けて、ぺしゃんこになってしまいもする。

緊張感が命のファッションもいずれ百八十度転回してアンファッショナブルの極みに転化するという事実を、こんな言葉で表現した思想家がいる。モードはせっかくゴージャスにつくりあげた意味を、みずから裏切ることを唯一の目的としている贅沢な逆説だ、と。

そういえば、旅館のトイレにでもありそうな、ビニールの花が上についた底のやや高いスリッパを、わたしの住んでいる地域では「モード履き」と呼ぶ。ファッションといえばいまやフーゾクの代名詞であり、モダンといえば関西でまっさきに思いだすのはモダン焼き（ソバをのせたお好み焼き）である。

都市のゲリラ

大学四年生は後期試験が終わり、卒業式を前に卒業旅行だとかスキーだとか気楽なものなのに、在学生のほうは就職戦線が早まり、みぞれ混じりのなか就職セミナーや面接に走りまわる。

ひとむかし前のリクルート・スーツは紺の背広に無難な縞柄か無地の臙脂《えんじ》色のネクタイと決まっていたが、ここ二、三年はファッションのグレー人気を反映してか、濃いグレーの背広というのが定番らしい。さすがにそういうのがそろうと陰気くさくなるので、髪のほうをうっすら茶色に染めてバランスをとっている。

就職活動にはリクルート・スーツ、というイメージが定着したころに、その気分に乗り切れなかった若い知人は、コム・デ・ギャルソンの「セビロ」というブランドを、彼にしては大枚はたいて買って、その服の裏地に爆弾のような怪しい心を隠した。見かけは形もふつうの地味な灰色の背広、よほど服にくわしいひとでないとブランド品とは気がつかない。が、「おれはおまえたちと同じではない」。そういう邪悪ともいえる意気地を隠しもつことで、かれはおのが〈誇り〉を守った。かれは都市のゲリラになったのだった。

服というのは、じぶんを目立たせることもできれば、隠すこともできる。制服を着たときのようにじぶんをなにかになりきらせることもできれば、一見して職業も性格も捉えようのないいかがわしい人間になることもできる。服には〈生〉のスタイル、つまりは人生の戦略がかかっているのだ。

ひとは社会が要求する外見にじぶんをとりあえず合わせておくことで、服を社会に対するみずからの鎧とすることもできれば、逆に捉えようのないいかがわしい服装をすることで、それを社会からのあらゆる包囲をすり抜ける抵抗のスタイルとすることもできる。服は見た目では簡単に判断できないものなのだ。

卒業式

わたしは、じぶん自身の卒業式をも含めて、大学の卒業式なるものには列席したことがない。聞くところによると、この頃は私語が多くて式辞も聞きにくくなっているらしい。私語に憤り、式辞の途中で降壇した学長もいると聞いた。成人式でも同様で、市長が途中退席する例があった。

しかし、卒業していったい何かが決定的に変わるのだろうかと考えると、否定的な答えしか思いつかない。感傷はもちろんいくらかあるだろうが、震えや怯えといったものはないだろう。卒業式より、友だちと卒業旅行に、といった春休みの過ごし方もめずらしくなくなっている。

誕生、成年、結婚、死去など、人生を大きく区切る重要な時期におこなわれる儀礼を、人類学者は〈通過儀礼〉とよんできた。しかしたとえば二十歳でおこなわれる成人式をこの通過儀礼の一つとして受けとる若者は、もはやいない。現代の若者は、成人式の年齢に達したときには、（政治投票以外の）成人にのみ許されるとされる行為は、たとえ戯れにではあれ、すでにほとんど経験済みである。

現代では、ひとはある日突然、成人儀礼とともに社会から大人扱いされるようになるわけではない。子どもが大人になる過程を、ごく短期間の儀礼としてではなく、学校教育というかたちで相当長期にわたって体系的にじっくり経験させるのが、近代社会の特徴だ。で、いまでは早くて三歳くらいから（大学にいけば）二十二歳まで二十年弱、学校に通うことになる。この引き延ばされた成人儀礼は、子どもの期間の優に数倍の時間をかけている。いってみれば、子どもと大人の架け橋のほうが子どもとしての期間よりもはるかに長くなっているということだ。そしてその間、放課後の塾通いも含め、ソフト・ストレスがかかりっきりになる。

だから、卒業式はそういうストレスからの解放という意味を、まずはもつことになる。若者たちはそれを確認するために、ふだんとは違う恰好で、しかし大人によってあらかじめ用意された恰好でもなく、人生にみずから区切りをつけようとする。卒業式のファッションがこのところまるでコスプレ・パーティのようになっているゆえんである。

スーツの季節

卒業式のシーズン。振り袖や袴からパーティ・ドレスまで、女性たちの華やかな衣裳に比べて、なんともワンパターンなのが男性の地味なスーツ姿。男女の体型はそれほど異ならないはずなのに、服装のほうは極端なまでに対照的だ。

スーツといえば「どぶねずみ服」。冴えないサラリーマン生活の制服のようにイメージされてきた。が、スーツのそんな情けないイメージをひっくり返すような書物が、いま書店に並んでいる。アン・ホランダーという美術史家が書いた『性とスーツ』（白水社）という本だ。

彼女によれば、西洋の服飾史においてつねに美的な提案をし、服装の規範を定めてきたのは男性服である。女性服では、履きにくい靴や体の締めつけ、手の込んだ化粧やアクセサリーといったように、強い印象を与えるためならあえて苦痛や面倒をいとわないという、凝った装飾性がいまも基本となっているのに対し、男性服のほうは時代とともにより抑制の強いもの、より抽象性の高いものに改良されてきた。

びっくりするのは、スーツこそ男性のシルエットをセクシーなものにしたという、よれよれのオジサンが眼をむくような主張だ。一八〇〇年頃に出現したテイラード・スーツによって、男性のシルエットは、それまでの襞《ひだ》のたっぷりある洋梨形から、古代ギリシャの英雄の裸体像のフォルムをモダンに抽象化したものへと、大きく革新されたというのだ。

身体にそって構成され、身体をすっぽりと覆い隠しながら、適度の余裕があるので、四肢を大きく動かしたりしゃがんだりしてもひきつることはない。身体の表面はゆるやかな平面を構成し、身体の細部の特徴を目立たなくする。身体の動きを止めたときも服の全体がすうっと元のかたちに戻る。装飾的要素が少ないので型崩れしにくい。スーツはまさに精妙な仕立ての技術をベースにしている。

スーツのこんな歴史を学んだら、毎日のスーツの着方も少しは変わるかもしれない。

さて、四月。入社式では、卒業式であんなに着飾った女性たちも、こんどはシンプルなスーツを着る。

グレー

久しぶりにデパートの婦人服売り場を歩きまわって、ちょっとばかり驚いた。ほとんどグレー一色だ。スーツからセーター、コートまで、この秋はグレーがはやるとは聞いていたが、これほどまでとは思わなかった。

なぜグレーなのか。「時代の雰囲気」を読みながら、もっともらしい意味づけをおこなうことは可能だろうが、ファッションはじつはもっと気まぐれである。先シーズンとの差異がはっきりすればいい、ほとんどそんなロジックで動いている。だから、不況だからグレーなのではなく、不況だから売る側が流行を正確に読もうとしすぎて（流行をはずすのが怖くて）、「この秋はグレー」という情報の仕掛けに一斉になびいた、と見たほうがいい。で、買う側としてもこの秋の売り場ではグレー以外は求めにくく、みながグレーになると、来年ははずかしくて着られなくなる。だから、グレーを買うにも一冬しかもたないのは必定。そのつもりで買ったほうがいい。流行に弱いのは、売り場のスタッフであり、いつも「世間」を意識して生きている普通の客なのである。

物を買うときには、「みんなが持っているからわたしも欲しい」という気持ちも働くが、「みんなが持っているからわたしはいらない」という気持ちも働く。要するに他人との比較が作用するのであって、他人と同じようなものを持っていないと不安だが、まったく同じだと集団に埋没しているようで怖いというふうに、みながほぼ同じだが微妙なところで違う服をもとめる。そういう自意識のかけひきのなかで「個性」はつくられるわけだ。

デパートの売り場は、客のそういう自意識の構造と深い共犯関係にある。性のイメージひとつとっても、性差についての固定観念を客と共有している。いや、客以上にそれにこだわっている。だからジャケット、シャツ、ソックス、マフラーといった共通のアイテムですら、男性用と女性用が厳格に階で分けられている。

デパートは、流行や「らしさ」の固定観念から比較的自由な感受性をもっているひとたちのために、もっと神経を使うべきだ。グレー一色のディスプレイを見て、そう思った。

「日常」を離れた「ふつう」

あっ、センスのいいワーキング・スーツだな、と見まちがえそうなシンプルな服が流行である。プラダあたりが水先案内人になっているらしいのだが、この脂っけのないさらりとした服、巷では〈いちばん素敵な「ふつう」の服〉などとほめそやされている。めだたなくて、かぎりなく普段着に近いのに、着てみると日常から軽やかにはみでるようなエクセントリックな味がある、といった感覚だ。

が、マニキュアや指輪をこてこてつけるのではなく、清水に浸けた素手をさっと上げた瞬間のようなさらりとした感覚、それを「ふつう」だとか「シンプル」といったよけいな言葉、さらには「着やすい服」、「リアルクローズ」などというグロテスクな概念に、すぐにまぶさないでおきたい。

「ふつう」とは、ただ社会のマジョリティが安全なイメージとして共通にとらわれている一個の固定観念にすぎないし（ノーマルとはノーム〔規範〕にかなっているという意味でしかない）、「シンプル」というのも、脂っこくて饒舌なファッションのあとに出てくるお茶漬けのようなものだ。「質素革命」や「シンプル・ライフ」はこれまでも、まるで呼吸のようにファッション・シーンに間欠的に出現してきたし、近くはヘルムート・ラング(3)や清家弘幸(4)らがその極限をめざしてきている。

「着やすさ」を極めたところに、いま新しい服が生まれだしているわけではない。それよりもこういうスタンダード感覚の服（ほんとうはスタンダードなど服にはありえないのだが）のなかにある新しいテイストを感じるその感受性の小さな声に、耳を傾けてみたい。すると、その感覚がシルエットによりも、服のテクスチュア、布地の風合いに意外と深くかかわっていることが見えてくる。

リアルな服

「おやじの世代は、壁や枠があってよかったね」と、息子に皮肉まじりにいわれたことがある。壁や枠への抵抗の形式もまた、すでにメニューとして含みこまれているような社会へのいらだちが、こんな言葉になって出たのかもしれない。

そういえば、パンクの青年がコンビニのレジの前で、小学生とお行儀よく並んでいるコマーシャルがしばらく前にあった。なんでもあるが、だからこそ決定的なものはなにもな

（3）ヘルムート・ラング　オーストリアのファッション・デザイナー（一九五六―）。余分な装飾を徹底的に排除し、機能にそくしたデザインはシンプルの極地（ミニマリスム）ともいわれ、大きな影響を及ぼす。

（4）清家弘幸　ファッション・デザイナー（一九六三―）。一九九三年にブランド名「セイケ」としてデビュー。シンプルながらも、ラインと素材に独自の工夫を凝らした服が評判を得る。

い。そういう過剰であるがゆえのもどかしさ、ないしは閉塞感といったものが、いまの空気のなかに深く浸透しているような気がする。

《リアルクローズ》という言葉が流通している。余計な粉飾を取り去って、気やすさだけを視野に入れたシンプルな服という意味らしい。

が、服を純粋に機能性で選んでいる若者がいったいどれだけいるだろうか。服をひとはその生き方に応じて選ぶ。目立ちたがり、控えめ、すなお、こだわり、突っぱり、おどおど、ひねくれ、ふてくされ……。それぞれにいちばんしっくりくるものを、売っているもののなかから捜しだす。

だからリアルというなら、決定的なものはなにもないという、あのもどかしさを縫いこんだ服をこそ、そうよぶべきではないか。

ファッションにおいてリアルなのは、ゴージャスなブランド品だけでなく、「着やすい服」や「無印」も、ときには貧相やパンクも、さらにはモードなんて糞くらえというアンチ・モードすらも、はやりのモードになりうるという、消費社会の逆説的な事実だ。「あらゆる記号が相対的関係に置かれるというモードの地獄」(ボードリヤール)そういう認識を縫いこんだ服をこそ、ほんとうはリアルと呼ぶべきだろう。

反抗を不能にする服

ファッションを意識しだすのは、思春期である。おとなによって着るよう指定された制服を、勝手に気くずしたり変形したりすることから、ファッションははじまる。

でも、このごろはその制服があの、埃と汗をたっぷり吸いこんで重そうな黒の学生服ではなく、ちょっと見には「自由そうな」紺か臙脂《えんじ》とグレーのアンサンブルっぽい服に変わってきて、かえって変形がしにくくなっている。変形しても「個性」「おしゃれ」というふうに受け取られる。おとなが背広に抵抗しにくいのと同じだ。

で、街へ服を買いに出ると、じぶんの想像力をしのぐすさまじい選択肢があって、ここでもいじけてしまい、どれが似あうかな、などと受け身で考えてしまう。等身大の服なんか求めていなかったのに。ここでは「自由」のほうが想像力より間口が広い。

そこで女子高校生などは制服を逆手にとり、それをファッションに仕立てていく。制服の「挑発的」ともいえるイメージ世界に立てこもるのだ。すると、制服が規制と反抗という反対の意味を同時にもつことになって、「ふつうの子」がふつうに着ることじたいが難しくなる。「ふつう」がありえなくなる。だから変形もただのファッションのひとつになり下がる。

ファッションは、このように、それに敏感なひとほど息苦しく感じるようなものに変わってきている。

それに流行というものへのニヒリスティックな感覚が加わる。高度消費社会に生まれ落ちたひとたちは、流行に向かいつつあるものがやがて消費しつくされ、廃れることをあらかじめ知っている。だから、そんなゲームに巻きこまれたら、疲れきるだけだということも。

夏のオフィス・ウェア

わたしはひどい暑がりなので、オフィスも暖房が用済みとなるともう、即クーラーを入れている。家では、炬燵《こたつ》を片づけると同時に団扇《うちわ》と扇風機を出す。

地球温暖化防止のためにはCO_2削減が欠かせず、オフィスビルの冷暖房の設定温度を夏には最低を二十八度、冬には最高を二十度にしようと、通産省が呼びかけているそうだ。しかしいまの高層ビルは冷暖房設置を前提に設計されているので、風通しをよくしようにも窓が開かない。それに排気ガスやビルからの輻射で都市はますます高温化している。

むかしは、家も衣も風をよく通すよう工夫がこらされていた。家は軒を大きくとったり、簾《すだれ》をかけたり、水を庭にまいて風の移動を起こさせた。きものの下には竹で編んだ胴着や腕輪をつけた。

ビルの窓が開かないとすれば、服のほうを風通しよくするしか手はない。もともとが低温低湿の土地で考えだされたのが背広やスーツだ。襟元をふさぎ、腕を二重に被い、脚全体を包むあの暑苦しい服装を改良しようというわけで、日本メンズファッション協会はいま、超軽量の「清涼スーツ」の開発に取り組みだしているという。が、ひとつ、忘れてはならないことがある。暑いから袖を切るというような情けない発想をとらないことだ。服飾文化がこれまで培ってきたデザイン感覚をぜったい犠牲にしないということだ。たとえばスーツのデザインがわたしたちのみすぼらしい体型をどれだけカバーしてきたか、それを忘れないことだ。

機能性というお題目を掲げることで、衣服に託すわたしたちの誇りがこれまでどれだけ傷つけられてきたかを、ひとびとは知っている。「無印」を標榜する衣服デザインが、同時代のブランド狂騒曲を批判するものとして登場しながら、一方で自身のデザイン・センスを厳しくチェックする努力を怠ったがために、最後までその志を生かしきれなかった事実を、ひとびとは憶えている。

キャミソールは拒絶的?

ああ、今年もかあ、とちょっと複雑な思いで道行くひとを眺めている。梅雨が終って、まるで花がいっせいに開くように、街に溢れでたあのキャミソール姿である。

同じこの蒸し暑い空間のなかにいて、どうして一方が重ね着して、他方が肩をむきだしなのかとちょっと恨めしくなる。女性だってもちろんスーツ姿のひとは多い。けれども男性用のキャミソール・ドレスというのは、さすがに存在しない。

男が着ていて女が着てはいけない服というのはほとんどないが（シャネルというブランドは男性用ブリーフまで女性用のアイテムに加えた）、逆に女性用の服で男も着られる服というのはほとんどない。両性間の服装のこれほどまでのアンバランスというのは、十九世紀以降のことだとよくいわれる。見るほうと見られるほうというふうに、男女間に役割がふり分けられ、男性の服から色が消えていった。モードといえば女性のものになったというふうに。わたしたちの服装は、男女間の身体のわずかな差異のわりには、あきらかにコントラストが大きすぎる。

それはそれとして、キャミソールというのはまたアグレッシヴでもある。誘惑的だからではない。肌を大きく露出しながらも、つい眼をやる側に「見たかったら見てもいいけど、あんたらとは関係ない」という無言のメッセージを発する拒絶的なファッションだからだ。その点で女子高生の制服ファッションに似ている。「じぶんたち」という、閉じた集団の内部に彼女たちの意識は向いている。

ああ、よく考えてみれば、背広姿がまさにそうだった。横並びを志向する服、背伸びもしなければ独りでつっぱりもしない、内輪向けの哀しいばかりにそろいの服。

この国のファッションが背広とキャミソールに代表される夏というのは……と、ため息を漏らしながら、わたしは左手に革カバンと背広の上着を持ち、右手のタオルハンカチで首筋の汗をぬぐうのだった。

「ふつう」でない高さ

若いやつって何を考えているのだろう、と年配の人間はいつも首をかしげる。若いころ、長髪で「フーテン」をしていたおじさんも、ノーブラにお尻が見えそうなミニをはいていたおばさんも、いまとなってはやはりそうである。

数年前なら眉や唇のピアス、昨年の夏ならキャミソール、この夏なら、なんでわざわざお化けのようなとつぶやきそうな「山姥《やまんば》」メイク、なんでわざわざ足をぐねりそうなあの異様に高いサンダル。

この高下駄のようなサンダルといえば、いまでは十センチを越すものもふつうになり、そのぶん転んで頭を打ったりと事故も増えているが、これだってもっとすごい前例はいくらでもある。十五、六世紀にイタリアやスペインの貴婦人のあいだで流行したチョピン、この木製の高下駄は三十センチ、五十センチとどんどんエスカレートしていって、最後は一メートル近くに達したという。つまり侍女の介添えなしには歩けなくなってようやく流行は鎮まった。

おもしろいのは、視線が高くなって気持ちいいという女性たちが、同時に道路の脇で地べたに腰をおろしてしゃがむことだ。視線の低さもまた心地よさそうなのである。

つまり、「ふつう」の高さでないことが重要であるらしい。この社会の「ふつう」、つまりは定型からどんなふうにずれているかで、じぶんの存在の特異性を確かめようとしている。だれもがじぶんが他人とどう違うかを確認することで、「じぶんらしさ」を証明できると考えている。

重ねておもしろいのは、そういうずれを確認するやり方がみな同じだということ、スタイルがワンパターンだということ、ずれにまで定型があるということだ。パンクもそうだったが、ファッションへの強烈な反撥もまたファッション化してしまうのである。ひとは外見の演出をつうじてじぶんとはだれであるかを探求しようとするのだが、そういう探求自体がふたたびファッションにのみこまれ、もてあそばれるのだ。

世代では語れない文化

女子高生のみならず女子中学生でも、あの細眉、茶髪をはじめとして、メイクはさほどめずらしいものではなくなった。それに以前だったらおとなの女性がパーティでしばしば身につけていたあの黒い透けた布の重ね着、それを小学生の子が着ているのを見ることもある。

かとおもうと、六十歳近くになっても長髪にしたり、ラフなチノパンツにスニーカーといったいでたちの男性をよく見かける。おじいちゃんと孫が同じファッションで歩いているという光景にももう驚かない。

いまも現役の不良ロッカーであるミック・ジャガー(5)もボブ・ディラン(6)も、還暦を迎えたし、エリック・クラプトンやジミー・ペイジのコンサートでは四、五十歳代と十代、二十代がそんなに変わらない数で客席を埋めるわけだから、もう世代という観念では文化や風俗を語れないところに来ているのかもしれない。

老人がその豊かな経験と知恵のゆえに尊敬される時代があった。そういう時代には、若者は早く歳をとりたいと思う。その後、確実な生産性と判断力のゆえに壮年が尊敬される時代があった。そういう時代には、みずみずしい生産力からして「若さ」がもてはやされ、「老い」にひとは不安を覚える。そしてやがて、子どもが妙に老成し、老人がいつまでもぎらぎらしているような時代が来る。この時代には、成長とか熟成というイメージがだんだんリアリティをもたなくなる。

先日、ある公立大学の大学院生に「あなたはおとなですか、子どもですか？」ときいて、

(5) ミック・ジャガー　イギリスのミュージシャン（一九四三―）。ロック・バンド、ローリング・ストーンズ（一九六二年結成）のヴォーカル。世界一「セクシーな男」といわれているひとり。一九六五年に「サティスファクション」が大ヒット。メンバーの変更はあったものの、ローリング・ストーンズは世界最強のロック・バンドとしていまも活躍中。

(6) ボブ・ディラン　アメリカのミュージシャン（一九四一―）。フォーク・ロックの創始者。一九六〇年代よりシンガー・ソングライターとして活躍。一九九二年には「三十周年記念コンサート」を開催。

そのほとんどが子どもですと答えたのには唖然とした。中高年の男性にはきいていないが、即座におとなです、と答えるひとはあんがい少ないかもしれない。

文化は世代から世代へと伝承されてきた。いまの文化には、もはや不連続の交替とタイプ別の細分化しかありえないのだろうか。

濡れ落ち葉の哀しみ

定年退職を迎えたあと、することもなく、妻の行くとこ行くとこついてまわる男性のことを、世に「濡れ落ち葉」という。

仕事一筋に生きてきたひとほど、この傾向は強いようだ。じぶんがじぶんである根拠、つまりアイデンティティを会社にそっくり委託してきたので、退職するとなにか寄る辺ない思いにつかれるのだろう。じぶんの実力だと思ってきたものが会社の看板の力にすぎなかったことが思い知らされて、愕然とするのだろう。それで「揺らぎ」を先に通り越した女性にぶら下がる。

人生のステージ交換がうまくいかないのである。若いころから勤務のあいだに映画に行ったり、五時を過ぎると趣味や遊びにすっ飛んでいったひとは、複線の人生を送ってきたので、一本の線が消えても、別の線にすぐに乗り換えることができる。せいせいした顔をして。

服装でもそうだ。たとえば五十代になってまるで紅顔の少年のように「初恋」をしたひとは、突然、服装が派手に、アンバランスになるらしい。色恋で酸いも甘いもたっぷり経験してきたひとは、ファッションも鍛えられていて、そう見苦しいことにはならない。

ファッションで鍛えられていないというのは、女性との対比でもいえる。十九世紀以降のファッションは、男女の性差のイメージに異様なまでに強くコントラストをつけるよう構成されてきた。だから、男性が着ているもので女性が着てはならないものはほとんどなかったが、女性が着るものはほとんど男性には着用が禁じられてきた。

だから女性の身体感や性的セルフ・イメージが比較的フレクシブルであるのに対し、男性はガチガチのワンパターンのそれしかもてず、しなやかさを欠く。だから、高齢の女性に化粧を施すとたいてい「元気」になられるが、中高年の男性に化粧をすれば「気がふれて」しまう。

5　モードのロジック

「コスチューム」の語源

言葉というのはしばしばある事柄の意外な結びつきを教えてくれる。わたしが最近気に入っているのは、ヒューマンという語がフムスというラテン語から来ていること。フムスというのは腐蝕土の意味である。ヒューマンというのはだから、もともとなにか優れた意味なのではなくて、人間がじぶんを低い腐った存在として意識するという、謙虚な想いから発した概念であるらしいことが、ここから見てとれる。同じフムスからヒューミリティ(謙虚)という言葉が派生してくるのも、これで納得できる。

もうひとつおもしろいのは、ホスピタリティ(歓待)のラテン語源であるホスペス。これは主と客の両方を意味する。同じ語が正反対の意味を一挙に含むというのは奇妙だが、主が座るべき家のもっともだいじな場所に客を座らせること、つまり主と客がその位置を交替することが、歓待の掟だと考えるとこれまた納得がいく。遠来の客は共同体の外部の者、つまりは異邦人であり敵でもありうるから、同じホスペスという語からホスティリティ（敵意）という言葉もつくられるわけだ。

で、服という言葉を考えてみる。コスチュームという言葉がある。これはラテン語の「慣れる」という動詞を語源とし、だから習慣の意味でカスタムという語につながっている。ちなみに習慣を意味する英語のハビットにも服の意味があることは前にもふれた。修道士や修道女の服のことである。

習慣という意味から元の「慣れる」という意味に帰って考えると、服というものの本質は、ひとの記号という意味以上に、ひとがなじんでいるということにその意味の根があるかもしれないことが見えてくる。服はじぶんの延長であり、ひとにとってもっともなじまれた空間であるということが。

幼児がいつも同じ毛布でないと安心して眠れないのも、あるいはお気に入りの常着をいつまでも洗濯しないで着ているのが、まわりのひとに汚らしく映っても本人はあんがい気持ちいいのも、それがなじまれた空間だからであろう。服には、ひとをすっぽり、あるいはうっとり包む、羊水のような効果があるらしい。

鋏と針と

東京都写真美術館でフィンランド現代写真家展をやっていた。「潜在意識の発露」という視点から、四人の写真家によるそれぞれにたいへんユニークな身体映像を取りあげている。

わたしが強烈に惹かれたのは、ウッラ・ヨキサロという一九五五年生まれの女性の作品だ。写真というより小さなオブジェたち。無彩色の子どものワンピース、大きいの、小さいの。小さいそれにはたとえば無数の針が突き刺さっている。見ているだけで痛みが走る。二つのドレスの袖が赤い糸で縫いあわされている。あるいは、前開きジッパーのところがそこだけ赤い糸でぐるぐる縫ってある。血のように鮮烈な赤で。重そうな鋏《はさみ》が貼りつけてある。パタンを無数に重ね描きした型紙にもその線の交点にまた針が無数に刺してある。そして女の三十年ほどを感じさせる、円形に切り取られた乳首の写真が四枚並ぶ。その中央に母に抱かれてブランコに乗っている幼いウッラの写真。

会場で逢ったウッラは、それらはじぶんにとってただただ「なまのエレメント」で、そこには「圧迫感」があるのみ、と語ってくれた。赤剝《む》けした皮膚を四六時中さらしているような、しかし低いくぐもった声のおだやかな女性だった。

鋏が布地を裁断する。そして細切れになった布をふたたび針と糸で縫いあわせる。するとそこに形が生まれる。それは鉛筆で線を引くことと似ている。白い平面を線で分割することで、形が生まれる。あるいは言葉に似ているのかも。言葉は世界を区分けする。さまざまな意味に。経験を裁断することではじめて命に形が、意味がもたらされるのだ。

すると、鋏は命に最初のかたどりを与える行為を象徴していることになる。あるいは命への最初の暴力、といっても同じことだ。だからそこに視界は開けるけれど、悪夢や怨念も宿る。

命のその最初のかたどりに、母親の存在がとてつもなく大きな意味をもつ。ウッラの母の古い鋏が懐かしい愛着の対象にとどまらないのは、たぶんそういうわけなのだろう。

地位の象徴的逆転

きょうは節分。冬から春へのこの節目の日には、かつて邪気悪霊を追い払うためのいろんな行事や風習があった。まずは豆まき。「福は内、鬼は外」という声はしかし、もうあまり聞かれない。柊の串に鰯の頭を刺して戸口に飾る魔除けの風習もあったが、これも昔話になっている。

関西にはもう一つおもしろい風習があった。お婆さんがこの日ばかりは若い娘の髪形をし、派手なきものをまとって若づくりをするという仮装の行事だ。老女がそんないでたちで各地の神社に参拝した。気色悪いからか、「おばけ」と呼ばれてきた。もっともこれは、厄除け髪の「お化髪」から来ているらしい。

西洋のカーニバルでも、王様が乞食になったり、男が女になったり、正直者が嘘つきに、貞淑な婦人が淫らな妖婦になったりと、社会的地位の象徴的な逆転がおこなわれた。異装によってである。今様のことばでいえば、過激なコスチュームプレイによってだ。

現代では、こうした節目の行事にともなう異装も、極端な異性装やコスプレは別として、日常化している。起きて顔をメイクし、出社すれば制服に着替え、アフターファイブは着飾って艶やかに変身し、街にくりだす。帰ったら「顔」を落として、めりはりを欠くすっぴんに戻る。

昔はハレの日にしか飲まなかったお酒と同じで、コスプレも、毎日が小さなハレの連続となることで日常化し、惰性的なものと化す。わたしたちの社会では、みながそれぞれのロールプレイング・ゲームをすることでじぶんの社会的位置を確認している。つまりそれは、ゲームの要素が日常化した社会であるといえる。変身は、セルフ・イメージの微調整のことでしかなくなった。

昔のひとが、社会的地位の象徴的反転という儀礼を季節ごとにその日常のなかに組みこんできたのは、ルーティンの反復のなかで惰性化し、その力を萎えさせてしまう生活に、がつんと活を入れるためであった。そういうリフレッシュのための装置をその文化のなかに組みこむような知恵を、昔のひとはもっていたのである。

モードの時間

一九九八年の春夏はキャミソールの「下着ファッション」が一世を風靡《ふうび》し、秋冬はどっちを向いてもグレー一色と、今年のファッションはどことなくなげやりというか、気合いがぐいっと入ってなかったと、年の瀬になっておもう。気持ちいいもの、気の張るものは、どこか別のところにあったのだろうか。

二十世紀のとば口、さあこれからモードの世紀がはじまるぞというときに、ドイツの思想家、ジンメル(1)は、まるで百年後のモードの運命をいい当てるかのように、モード(流行)というものの時間感覚についてこんなことを書いた。

モードは、いまなにかが終わり、別の新たななにかがはじまりつつあるという感情をあおる。つまり、現在という時を、過去と未来を分ける分水嶺として浮き立たせる、と。

そう考えると、なぜ服はまだ着られるのにもう着られなくなるかがよくわかる。生地がまだすり切れていなくても、テイストが古くてもう着る気分になれないという思いをあおりながら、新しいスタイルへの欲望をかきたてる。そう、二十世紀の消費社会は、欲望の対象をではなく欲望そのものを生産し消費しようとしてきたのだ。

そう考えるとまた、二十世紀の終わりになって、なぜモードが脱力化し、アヴァンギャルドという言葉にひとびとが心をときめかせなくなったのかもよくわかる。モードもアヴ

(1) ゲオルク・ジンメル　ドイツの哲学者、社会学者(一八五八—一九一八)。形式社会学の創始者。生の哲学の視点から文学、芸術などを論じた著作も多い。著書『社会学の根本問題』『貨幣の哲学』など。

アンギャルドも、つねに最前線に出ようとする。未知のものにまっさきに遭遇する最先端という位置に立とうとする。つまり、何かがすんで、次に何がはじまるか、そこに注意を集中するわけだ。そういう意識の働かせ方、まとめ方に、ひとびとはひどく疲労感を覚えだしているらしい。あまりにも長く続く景気の右肩下がりを嘆きながらも、どこかそこに安堵感がともなうのも、そのためだろう。景気なんて関心のない女子高校生ならもっとストレートにこういうだろうか。「プラダのチェーンバッグを買うためにマクドナルドで半年バイトする女子高生はいない」（村上龍[2]『ラブ&ポップ』）、と。

でも、服を着ないでは生きていけない。では、次にどんな服がはやるのか？

いや、そういう問いが時代遅れなのである。

いやいや、そういう時代遅れという発想じたいがアウト・オブ・モードなのである。

最先端への不信

水玉螢之丞と杉元伶一というひとの書いた、『ナウなヤング』という皮肉たっぷりのタイトルの本を読んでいて、危うく転げそうになった。

「夕食後のひととき、タイミングをはかりすぎて唐突な、さりげなさを装いすぎてロコツに緊張した口調で、「あー、最近はアレだってな、毛深い男はモテないんだってな、ハハハ」とか、お父さんにいわれたりした経験はありませんか」。それもその日の朝刊に、その手のカコミ記事が載ってたりすると、もう、「あまりの底の浅さにうんざり」してしまうというのだ。

ほんとうは「近ごろの若いもんは……」といいたいのに、「ヤング」なんて若者に媚びた言葉を口にし、いつまでも反抗する者の側へまわろうとする戦後生まれの父親たちへの、深いディスコミュニケーションの感情が、文体からも感じられる。

「ナウい」にしても、そもそもはモードの本質をずばり表わす言葉だった。前項でも触れたが、二十世紀のはじめにジンメルが指摘したように、モードは、何かが終わり何か未知のことがはじまりつつあるという、分水嶺としての現在の鮮やかな感情を与える。モードは既成のものを拒絶する。過去を否定する。そのために、逆に現在を先鋭化する。先端にあること、つまりは「前衛」をまぶしく映しだすわけだ。先端のスタイル、先端商品、先端企業……。

が、そういう最先端も現在では必ずしも無条件に肯定されるわけではない。「ヤング」たちは、そういう先端ばかりを追う構図にこそうんざりしているのかもしれない。少なくとも、未来に多くを託すそういう幻想に溺れているのではないことはたしかだ。現に八〇年代には、女子中高生が二、三歳上の同性のことを「オバサン」と呼びだした。じぶんた

（2）村上龍　小説家（一九五二―）。著書『限りなく透明に近いブルー』『愛と幻想のファシズム』など。

ちの近未来をである。

衣替えもモードの共犯

なんか五月のような陽気だなあと思っていたら、また突然寒波がやってくる。行きつ戻りつ、気象はなかなか安定しない。着ていく服にも困る。

「ころもがえ」という習慣がある。四季の顔がくっきりと区別できる日本列島のような場所では、季節ごとに衣裳を着替える習慣はごくふつうにある。そして季節の変わり目というか、次にやってくる季節のきざしや気配を自然のなかに見つけ、筆を走らせ、歌を詠むことが、「いき」という名の感覚の濃やかさを、あるいは感覚の洗練を意味することになる。逆に、季節はずれの服を着ていると、まわりから冷やかなまなざしを向けられる。

華のある粋な街では、むかしは毎月衣替えがあったと耳にしたことがある。そういえば、神社にも遷宮《みやうつし》という習慣があるが、本殿の造営修理のためというより、ただ「移す」ためにだけ定期的に建て替えるところもある。

この衣替えの習慣は、二十世紀のモードという現象と、とても親和性がある。

たとえば「さら」(新)の魅力。「いま」をたえず更新していくモードの感覚は、この「いま」という瞬間を、従来の何かが終わり、別の新しい何かがはじまる分水嶺としてみずみずしく意識させる。何かが交替しつつあるという感覚である。この感覚は衣替えにおいて際立《きわだ》てば際立つほどいい。

水際でも、場末や国境といった際どい場所でもそうだし、なにより身体の内と外の境界面である皮膚がそうなのだが――皮膚はたえずめくれ交替している――、「きわ」というのは不思議な生命力が充満しているところである。このみずみずしい力が、現代社会における資本の増殖の速度感とてもよくマッチする。

もっともこれは、高度消費社会におけるモノの価値の磨耗の速さをも意味するわけで、よくもわるくも、衣替えの習わしは現代の「ファッション狂騒曲」と深い共犯関係にある。

古着

二十世紀の終わりに古着がはやるなんて、いったいだれが予測しただろう。じぶんだけのものがほしいというのが、長らくわたしたちの欲望の基本形だった。じかに身につける服や靴は、とくに他人と共用しにくいものだった。それが、異物との接触を徹底して回避するあの八〇年代の清潔シンドロームのあとで、突然、古着ブームになろうとは。

母親の古いワンピースや父親のベストをおもしろがって着ることもあるが、たいていは古着屋さんでもとめる。着古してあると生地がもまれていて、すぐに肌になじむ……というのは、古着を着ないわたしでもすぐ想像はつく。服と格闘するというような気張った着方は、「世の中、なんか見えちゃってる」とか「ピークは過ぎた」という、脱力気味の時代感覚には、もう合わないのかもしれない。

このブーム、これまでファッション・シーンにくりかえし現われたレトロ（懐古趣味）とは少し違う。あらゆるものが出そろって新しいものが見えにくいときに、ふと古いテイストを引用するというあのモードの常套法ではない。かといって、所有意識が変わった、リサイクル思想が浸透した、モード社会が終わりつつある……などと大仰に解釈するほどのこともなさそうだ。

なにか時間の手触りに渇いているのかな、と思う。留守番電話やビデオテープなどの普及とともに取り返しのつかない過去という感覚が薄れた。過去・現在・未来の順序が簡単に操作できるものになった。モードがすぐに廃《すた》れ廃棄されることで、現在はいつも遅れへの不安で満たされるようになった。

ブランド・ブームと古着ブームはまったく対極にあるようにみえる。が、時間の「耐えられない軽さ」へのささやかな抵抗としては、同じ現象なのかもしれない。伝承されてきた職人の技のなかに、あるいは布が呼吸してきた歴史のなかに、操作不可能な時間の重さを感じることができたら、というささやかな思いが投影されているのかも。

「らしさ」くつがえすコスプレ

椎名林檎という歌手がいる。テレビでビデオ・クリップを見ていたら、看護師さんが、その「白衣の天使」のイメージと違って、やけに攻撃的な曲を歌っている。真っ赤なルージュを差し、腰に両手を当てて、すっくと立つ。そしてガラスの板に跳び蹴り。が、次に見たときはまったく別のいでたちだった。曲ごとに大胆に衣装を替えるらしい。「いろいろゴタゴタいっても動いたほうが勝ち、じぶんの手を汚していこう、そういう話だと思うんです」。ヒット中の「幸福論」「本能」……。これらは「まさしく素裸なあたくしの鼻唄なのです」といい切る。

つい先だってわたしが長野に訪ねた看護師さんもすごいコスプレだった。「袈裟《けさ》から白衣へ」、尼僧で看護の仕事に携わってこられた若い女性。在宅ケア、ホスピス看護の新しいあり方を模索しておられる。そしてその耳にはきらり、ピアスが光っていた。からだを張って、身をさらして生きようとしているひとがコスプレ、というのが興味深い。

ふつう、ひとはおさまりのよい服を着る。流行の服や、その役割や性別にふさわしい服、つまりは「らしい」服。そしてそこに縫いこまれたイメージを微妙に揺さぶって、ちょっとばかり冒険した気分になる。

本気で冒険したいひとは、服のそういう共有されたイメージの外へ出ようとする。で、なに屋さんなのか、なにを思っているのか、手がかりがつかめないような、いかがわしい恰好をする。意味の無化。アヴァンギャルド派のデザインは、たいていそれを狙っている。

コスプレはその逆の方法をとる。どんどん過剰なまでに異なるイメージを重ねていって、「らしさ」という囲いを破りつづける。ファッションでいえば、ゴルチエがその典型だ。意味を弄《もてあそ》ぶので、ついひとの神経を逆なでする。

「顔グロ」というのは、服でなくからだの佇まいそのものを変えるのだから、さらに過激なように見えるが、同属で群れることで身を隠しているともいえるわけで、からだを張ってるとはすぐにはいいにくい。

見えにくいトレンド

街を歩いていて、ファッションが元気だなという印象を受けるときは、トレンドが比較的はっきりしている。流行のブランドが見えやすい。

逆に、いまは流行が見えにくい。男女を問わず若い人たちは眉のつくり方が一様なので、みんな同じような顔に見える。服装はなにか無理のない感じ、力の抜けた感じで、比較的安くて気に入っている服をとくに突っぱることもなくじぶん流に着ているという印象がある。ぼうーっと遠くから眺めていると、みんな同じようなファッションに見えるけれど、よく見ればみんなそれなりにじぶん流といった感じだ。

ストリートのムードがこのように無定形だから、次を読もうとするファッション・ジャーナリストなんかは打つ手なしといったところだろう。

しかしトレンドがはっきり見えるときと見えないとき、ファッションはほんとはどちらが元気なのだろう。どちらが成熟しているのだろう。

ブランドというのは本来、買うほうがじぶんの眼でその品質やテイストを判断し、じぶんのスタイルとして選び取るものだ。売る側は購買者に媚を売らないが、選ぶときのイニシアティヴはあきらかに買う側に、買う側のセンスにある。

日本のブランド志向は逆である。イニシアティヴは買うほうにない。みんながもっているからという理由でブランド品を買う。流行品は流行しているというただそれだけの理由で流行する。だから流行ブランドは、少数者のものではなく多数者のものとなる。

多くのひとが流行を読もうとするが、流行には「流行しているから」という以外の理由はない。これが流行、つまりはモードの論理である。日本のブランド志向はその意味でモードに典型的な現象だ。が、そういうモードが見えないときのほうが、装いの文化としては成熟しているのではないだろうか。ささやかではあれ、個人個人がじぶんのスタイルをもっているのだから。

モードの皮肉

むかし「連れこみ宿」なるものがあった。それが「逆さクラゲ」なる珍妙な表現をへて、ラブ・ホテル、ファッション・ホテルへと変化する。

このようにモードやファッションという言葉は、かつての「文化」と同様に（文化住宅、文化包丁）、やがてすりきれて、簡便なもの、安っぽいものへと意味が反転する。ファッションが一番アンファッショナブルなものへと裏返ってしまう。なかなか残酷なのである。モードやファッションといえばもともとは様態や様式という意味である。それが、新しくて、まぶしいくらいに魅力的なスタイルの意味に用いられるようになった。だからモードは、ありふれて、慣れっこになれば終わりである。モードはつねにじぶんを更新しなければならない。それを物の名前にしてしまうと、物と同様、すぐにすりきれる。

モードとは新しさの永劫回帰であると書いたのはベンヤミン(3)である。が、彼は続けて、ほんとうの意味で新しいものはひとつしかない、それは死だ、とも書いた。

ちなみにモード論の新しい息吹は、なんと科学論の分野に見いだされる。科学論にはかつて「パラダイム」という流行語があった。いまでは世界を見るときの枠組みくらいの意味でごくふつうに使われるが、そのパラダイム論のあとを襲うかたちでいま、専門家と非専門家の双方向的な関係をふくみこんだ知的生産の様式（モード）を探求するモード論が新しいムーブメントになっている。これもモードとしていずれ消費されてしまうのかどうかは知らない。

ファッションの逆説

夏休みが終わった。中高生たちもまた、制服を着て学校に戻っていった。けれども夏休みの街もまた制服で溢れていた。ストリートの制服である。

茶髪や金髪に細い眉、上は光るシャツかピチピチのTシャツ、下はミニとバミューダ・パンツのオンパレード、足元はハイカット・ブーツか底高のサボ、あるいは白のルーズソックスにスニーカーといった組みあわせ、そして背中にはリュック、それも腰にずり落ちたリュックだ。自由なはずのファッションが、どうしてこう完璧な横並びになるのだろう。

顔にも制服があるとは、よくいわれることだ。同じ文化のなかにいると、しぐさだけでなく表情まで似てくる。もし言葉というものをもたなかったら、ひとはいまじぶんがどういう感情のなかにいるのか、うまく判別できなかっただろうといった哲学者がいるが、母親はスローモーションの誇張した表情で子どもに反応することで、子どもの自己理解に手を貸すのだ。こうしてひとはたがいに鏡の関係に入り、表情がオーバーラップしてくる。そのうえでそういう共通の表情に少しずつバイヤスをかけながら、ひとはじぶんの個性を「磨いて」ゆく。共通の表情がここではいわば安全保険になっているのだ。

このところの若者ファッションの横並びぶりには、いささか保険過剰を感じないでもな

(3) ヴァルター・ベンヤミン　ドイツの批評家、哲学者(一八九二—一九四〇)。フランクフルト学派の一員として、歴史論や評論を展開。著書『暴力批判論』など。

い。O‐157事件といい、衣も食も単色系になり、街の風景から厚みや翳《かげ》りが消えた。

逆に、他人の外見そっくりにまねることでじぶんの惰性化したイメージから抜けでようとする若者もいる。コスプレ、(4)それもX JAPANや黒夢に代表される「ビジュアル系」のロック・グループのコンサートで、かれらと瓜ふたつのいでたちで現われる女性たちがそうだ。傍目には、自己喪失の極みのように見える。が、当人たちにはこのコスチュームこそが、自己脱出のための通路となっているのだろう。

だが、そうしたコスチュームもまねるひとが増えてくると、そのうち制服となってしまい、見た目どおりの自己喪失になってしまうのが、ファッションの逆説だ。

代替感覚

三十年近く前、アメリカで暮らしはじめた知人が、その滞米生活での最初のショッキングな体験として、こんな話をしてくれたことがある。

当時まだ日本にはほとんどなかったスーパーマーケットをはじめて訪れたとき、買い物客の様子をものめずらしく見ていて、すごいショックを受けたというのだ。同じひとつのカゴのなかに食品と下着と生理用品とペーパーバックとがいっしょに入っているという事実に、である。

それまでの彼には、食べ物が排泄器官を覆う布きれの隣りに置かれることに抵抗があった。本が、脱ぎ捨てられた生温かいパンティならともかくスーパーにぶら下げられている安手のパンティ——むかしは下履きと呼んでいた——と隣りあわせに置かれるというのは、ありえないことだった。そう、それはシュールな光景であるはずだった。

それがスーパーでは、肉体的なものもしくは人間の生理にかかわるものがあけっぴろげに開放され、カテゴリーによる物の分類というこだわりもきれいさっぱり取り外されて、あらゆるものが〈商品〉という一点で等価である事実が、あっけらかんとむきだしになっている……。かれは、そういう軽さがなんとも心地よかったといっていた。

百貨店というのがその最初の発明であったのだろうが、スーパーマーケットでは、あらゆる商品が物としてのその脈絡とは関係なしに、まるで任意に選びだされた百科事典の項目のように、同じカゴのなかに放りこまれる。物としての、価値としての遠近法はそこにはない。現代の消費社会にはその存在からして決定的なものはなにもないということ、それをスーパーが象徴している。明るくもニヒリスティックな光景である。

もちろん食べ物や衣類なしに人間は生きていけない。が、この食品、この服でなければという特異性はそこにはない。ちょうど旅行用のお金をローンに回すことができるように、

（4）コスプレ　コスチューム・プレイの略。マンガ、アニメ、ゲームのキャラクターのヘアスタイル、服装、化粧をまねて、そっくりに装うこと。

あらゆる物は別の物で代用できる。こういう、つねに替わりがきくという感覚が、現代人の物への態度の基調低音になっている。

ちなみに、親が子どもの前で「お金を回す」という言葉を平然とつかうようになったことが、下着を売ろうが時間を売ろうがバイトはバイト、という感覚を子どもたちに植えつけたというひともいる。

ストリート・ファッション

ストリート・ファッション、その主人公はティーンエイジャーだ。東は東京・渋谷、西は大阪・アメリカ村がまずはそのメッカであろうが、かれらは都市のなかを漂流し、それとともにストリートも移動する。

ストリート・ファッションは、十代の若者がじぶんの服をじぶんの小遣いで買うことがふつうにできるようになってはじめて生まれた。一九六〇年代がそのはしりである。もちろん既製服が安価で市場に出まわることもその条件のひとつであった。その既製服をじぶんで自由に組みあわせ、またそれぞれに変形することで、デザイナーの提案とはまったく別個のテイストがストリートに溢れだした。しかも、同じころ生まれたマガジン文化やロック文化がそれをあと押しした。

それがひとつのムーブメントにまでなるのは、竹の子族[5]の出た七〇年代末期、あるいはファッションが高級ブランドのブティックからではなく（むしろそれへの反撥の形で）古着店やフリーマーケットから出現するようになった八〇年代後半のことである。

ストリート、それがかれらのステージだ。そのステージにはモード雑誌を飾るハイ・ファッションやトップ・ファッションがずらされ、緩められ、ときにはぐらかされて降りてくるが、逆にストリートがデザイナーの発想に鮮烈な影響を与えることもある。ミスマッチやポペリスム（貧乏主義）、アンチ・モードやニューウェーブ、女子高校生ルックなどがその典型だ。そういう往復関係はスピーディになる一方だ。

ファッションは「社会の生きた皮膚」だといわれることがある。ひとの皮膚と同じように、ちょっとした病がかさぶたや吹き出ものになって現われたり、ほろ酔い気分にほんのり赤くなったり腫れぼったくなったり、内部のいざこざで表面がかさかさになったりするし、ときになにかに駆られたようにみずからを激しく傷つけることもある。

ちなみにフランス文学者の多田道太郎は、ストリート・ファッションについて思いがけない言葉をもらしている。「若い女性が奇抜ともいえるファッションで街を歩く。あれは、泣いているのだと思う。泣くかわりに、泣くにひとしい非合理的主張をしている」という

（5）竹の子族　一九七〇年代に東京原宿の路上に出没した若者たち。雨後の竹の子のごとく発生したことから命名された。

のだ（『風俗学』）。非合理的というのは、じぶんのしたいこと、してほしいことがよくわからなくて駄々をこねる子どものようなものだからだ。だから「なにをしてほしいの？」という問いが無意味なように、ストリート・ファッションをなにかの徴候として読む、解釈するというのもたいして意味があるようには思えない。

ストリート系から学ぶ

東京・渋谷のセンター街と大阪・ミナミのアメリカ村は、東と西を代表する、若いひとたちのたまり場だが、アメリカ村が渋谷のセンター街と違うのは、街に屈託のない笑顔があふれかえっていることだ。男女のカップルでも、同性のグループでも、ふてくされたり、鬱屈した暗い顔というのがめったにない。この場所では、まるで鏡で反射しあうかのように、みんな明るい顔をしている。

それにみなじぶん流の着こなしを楽しんでいる。鼻と眉には銀の輪、耳には安全ピンや透明プラスチックや木製のものとピアスを十個ほどつけている子もいれば、その横にはピアスはぜったいイヤという子もいる。ネクタイの柄からスカートの下のブルマーを膝まで長く伸ばしたようなアンダーズボンまで、工夫をこらした少女の服装。ここには、「ひとと同じ格好をするのはぜったいイヤ」という、少なからぬ大阪人のウルトラ個人主義が、子どもたちにまでしっかり浸透している。

情報社会においては発信／受信の「場所」というものが意味をもたないといわれるが、からだにもっとも近い環境であるファッションは、人間の皮膚感覚にじかに訴えるので、他の身体感覚、たとえば気象の感覚、物との接触感覚、痛みや音や味の感覚、歩行や身ごなしのスタイルなど、からだをめぐるさまざまの感覚と容易に連動する。だから、からだが置かれているその文化の「場所」が、大きな意味をもっている。

会話における表情や声の大きさ、眼の向け方、相手へのタッチのしかたなど、地方地方でスタイルがひどく違うのも、身体文化にはダイアレクト（方言）というものがあるからだ。だから、着こなしにも「場所」が強く働きかけるのだ。

いうまでもなく、ファッションはそういう「場所」の拘束から離脱するための手段でもあるのだが、しかし「場所」はそういうはやりのファッションにも執拗にからまりついてくる。ストリート・ファッションを見ていると、それがよくわかる。

ジーンズ

ジーンズにはジーンズの長い歴史がある。たしかにそうだ。けれどもそれはファッションの流れと無縁ではない。というか、それを一捻りした形で緊密にかかわってきた。

ジーンズがファッション・シーンに登場するまでは、おしゃれといえばドレスアップと決まっていた。普段とは違う、一張羅を、取っておきの服や靴を、ちょっと粋に組みあわせて。つまりそれは、おめかしのことだった。

それが、六〇年代の終わりから七〇年代にかけて、Tシャツやサイケなシャツとラッパやベルボトムのジーンズを組みあわせたチープなファッションがストリートを席捲するとともに、ドレスダウンがおしゃれの定番のひとつとなった。シンプルなファッション、いやいや、貧相なファッション、汚らしいファッション、みすぼらしいファッション、ひんしゅくもののファッションが、以後、モード・シーンにくりかえし現れることになる。ヒッピーからパンク、グランジ……といった具合にだ。

ジーンズはそうしたドレスダウンの動きに敏感に対応してきた。色落ち、ほつれ、破れ、穴あき、だぶだぶのオーバーサイズを紐で無理やりまとめたようなはき方など、アンチ・モードの一翼をになった。

八〇年代には、タキシードの上着に蝶ネクタイ、それにジーンズのパンツを組みあわせるというミスマッチ。ここではジーンズはノイズ役を引き受けた。

この時代は、都会的なミスマッチの感覚と並行するかたちで、カントリー感覚、ハンドメイド感覚が「自然」志向の大きな流れのなかで根づよいブームにもなった。脱ファッションとでもいえる感覚が、アンチ・モードのひとつの形としてあったのだ。

そしてブランド志向、そして古着の流行。このふたつをねじって重ねあわせたところに、ジーンズのビンテージものとレプリカのブームが浮上した。

要するに、ジーンズはストリートの一角をしっかり占めてきた一方で、ファッションにおけるアンチ・モードの実験もそれを素材にくりひろげられてきたのだった。ジーンズはそういうすれすれのおしゃれの実験場になってきたわけだ。

ジーンズ自体にはなんの気負いもないが、モードの世界では常に脱ファッションの象徴のように機能してきたのは、それがモードとは異なる時間をその風合いのなかに縫いこんでいるからだ。糸にしみこんだ時間の澱《おり》、インディゴの色落ち、大ぶりなしわが、そのひとつひとつが布がくぐってきた時間を、あるいはそれを身につけてきたひとの人生の時間を映す。それにじぶん流、つまり学生服の変形に似た楽しみもある。

ジーンズは、自由でいたい、ファッションからも自由でいたいというときに、しばしばひとが思い出すアイテムなのである。

悪趣味の挑発

ぜったい似あわないと思っていた若者の金髪にも、もう驚かなくなった。女子高校生のルーズソックス、コギャルの派手なネイルにも慣れた。(「上流」の社交サロンではなく、夜の盛り場のサロンでもなく)電車のなかのシャネルも、ありふれた光景になった。

極めつけは、金子功(6)(ワンダフルワールド)のフリルいっぱい、色柄や模様いっぱいのスーパーレイアードの服だろうか。タータン・チェックや花柄、テディベアのプリントなどが、これでもか、これでもかというふうに重ねあわされる。

　このところバッド・テイスト（悪趣味）がモードのひとつのトーンとなりだしている。一億総中流化といわれ、「上流社会」のような隔絶した階層がもはや存在しないこの地では、オートクチュールや高額ブランドが、皮肉にもバッド・テイストの典型になってしまう。洋服がはじめから舶来のコピーとして流通したこの地では、憧れの対象であるはずのゴージャスがかならずしも原点の価値をもたず、むしろ逸脱の記号として、ときに反価値のシンボルになってしまう。床を引きずるジョン・ガリアーノやヴィヴィアンウェストウッド[7]のオートクチュールを擬した挑発的なドレスも、大晦日の歌謡ショーで見飽きたものでしかない。この装飾過剰、演出過剰は、あらゆる意味や「らしさ」を、逆にその意味の過剰によって台無しにしてしまう。その意味では、あらゆる意味づけを拒否し、削ぎ落とすミニマリズムやアンチ・モードと同じことを、反対の方法でやっているといえる。そうすることで逆に、ステレオタイプの凡庸さを見せつけるのだ。バッド・テイストのあのヘビーな過剰性が、軽やかな自由の感覚につながるというのもまた、モードのアイロニーではある。

反抗するファッション

　ママドルとよばれる女性歌手が、ひっつめ髪に一センチまつ毛の妖怪メイクをしても、

「不気味」「モンスター」とおもしろがられる。マイナス点もどんどん加算してゆくと、逆に「極めている」とプラス評価に反転する。コンサートはいつも即日完売となる。

どんないかがわしい風情でも、どんなひんしゅくものの恰好をしても、おもしろファッションとして都市の風景のなかにうまくおさまってしまう、そういう閉塞感は、ファッションのもつ反抗の力を萎えさせる。

アンチ・モードを代表する「パンクの女王」、ヴィヴィアン・ウェストウッドは、そういう閉塞感をこそ打ち破ろうとして、このところ、パンクとオートクチュールというファッションの両極端を混ぜあわせた「パンク・クチュール」に凝っている。

セクシーなアンダースカートにピンヒール、レースのパラソルに妖艶な靴下どめといったステレオタイプの性的誘惑のイメージ、抑圧された性の象徴のようなコスチュームと戯れる。まるで観葉植物か粘土細工のように女性の身体をこねまわしたヴィクトリア朝時代

(6) 金子功　ファッション・デザイナー（一九三九—）。一九八二年にピンクハウスとして独立。花柄プリントにスポーティーなブルゾンを合わせて一世を風靡。ピンクハウスを離れたあとは、KANEKO ISAO Wonderful World を発表。

(7) ヴィヴィアン・ウェストウッド　イギリスのファッション・デザイナー（一九四一—）。ファッションは独学。一九七一年、ロンドンでレコード屋兼ブティックを開いて注目を浴びる。パンク、パイレーツ（海賊）・ファッションで知られるが、最近ではイギリスの伝統をも盛り込んでいる。

やベル・エポックのモードをコピーするのだ。

現在のファッション・シーンは性の柵をかんたんに越える。光るシャツやピアス、ヘアや眉のメイクにも性差はなくなっている。が、それは、セクシュアリティが、想像力も乏しく、だらだらと均質化してゆく風景でもある。それにヴィヴィアンはいらだち、逆にその落差を戯画的なまでに極大化しだしたのではないか。

コケットリーだってセクシーだっていい。ポジティヴなことはなんでも試みて、その能力をもっとパワフルに展開せよ、と彼女はいっているようにみえる。それこそパンクなのだ、と。

オートクチュール

オートクチュール。たったひとりのためだけの服。

外注も量産もおこなわず、顧客ひとりひとりの寸法に合わせ、何回かの仮縫いを経て、ほとんどが手仕事でつくられる、デザインも素材も仕立ても最高級の服。顧客は皇室、「上流階級」のひとびと、大富豪の婦人たち、そして銀幕の女王。つくり手の側もパリ服飾界の公的機関であるパリ衣装店協会の認定を受け、それに登録されることが条件になっている。「服をつくらせる」ひとたちと「お抱え」の裁縫師たち。プレスティッジ、そう、「名門」、そして「威信」。「華麗」という言葉はこのためにのみあるといえるような世界だ。

かつて上流階級とは、文字どおり支配階級であり特権階級のことであった。つねに「見られる」ひとたちである。ノーブレス・オブリージ（高い身分にともなう義務）という言葉も残っているように、彼らは少なくとも道徳的に高貴な態度を保持していなくてはならなかった。裏では救いようもなく乱れていても、外見はそうでなければならなかった。道徳のスタンダードを示すという義務を負っていたのである。

いまではだれもが「見る」と同時に「見られる」ひとである。道徳のスタンダードは市民のひとりひとりが体現すべきものとなって、上流階級はむしろそれからの逸脱、それもゴージャスな逸脱や、ひんしゅくものの行動や、天衣無縫のやんちゃができるし許されるということが「名門」のしるしにさえなっている。アンチ・モラルを特権的に享受するひとたち。

だから、たとえば労働者の象徴である濃い日焼けの肌にわざとなったり（つまり、日焼けするほど太陽を浴びることができるというのは、バカンス族の特権なのだ）、フォーマルな服装の規制が厳密におこなわれている会場で、タキシードにジーンズのパンツ（労働者の服！）を組みあわせるといったトリッキーなファッションが、やんやの喝采を浴びたりするのだ。

だからオートクチュールの店にパンク系のぶっとんだデザイナーが主任として招かれても不思議ではない。ディオールにジョン・ガリアーノ、ジヴァンシーにアレクサンダー・

マックィーン、エルメスにマルタン・マルジェラといったぐあいにである。

ファッションは、特権的なひとのためにあると同時に、成り上がり者のためにもあるのである。もちろん、こういう上昇志向を鼻で笑うアンチ・モードのためにもあることは、元祖パンクのヴィヴィアン・ウェストウッドや日本の「前衛派」デザイナーがもっともよく示したことである。反道徳、下品、それにほつれ、やぶれ、穴あき、くたびれ、しわくちゃの貧相なファッション。そして彼らの影響をつよく受けた「やんちゃ」なデザイナーたちが、九〇年代に入ってオートクチュールの店に主任デザイナーに招かれるようになる。ここがオートクチュールのおもしろいところだ。

画一性のなかでじぶん競う

若い世代の服装は意外に画一的だ。流行がころころ変わるから多彩に見えるが、ひとつの流行を取り上げれば、その感染力の画一性にはすさまじいものがある。ルーズソックス、キャミソール・ドレスなどを思い出せば、その画一性はすぐに想像いただけるとおもう。

彼(女)らにとっては、ファッションが「わたしはだれ?」という問いのおそらくはもっとも手軽でもっとも重要な媒体になっているのだから、ちょっとでも有効な媒体、新しい媒体が登場すればそれに目移りするのは当然である。なにかプレゼントをもらったときに、きれいに包装されたその箱を揺さぶって中身を探るのと同じように、みんないろいろ服を着替えることでそのなかのじぶんというものを必死でおしはかっているのだ。

他方、成人男性の場合、画一的(ユニフォーム)な服といえばやはり背広である。背広は男性市民の制服といいうるまでに一般化して、いまやサラリーマンのみならず、皇室や政治家から経営者や教師や芸能人にまで確実に浸透している。身分や階層や納税額とかの差異をみな超えて。そのうえで、ネクタイの柄とかコーディネイトのセンスにひとは「個性」を賭けている。

二つの例からあきらかなのは、だれも他人と同じ制服を着たがっているわけではないのに、制服を強制するまでもなく、放っておけばひとはほぼ同じ服を着るようになるということだ。

「ほぼ」というのがミソである。ほとんど同じ服を着ながら、ほんのわずかなずらしや逸脱にじぶんを賭ける。つまり、ベースはみなと同じという保険をかけておいたうえで、ささやかな冒険におずおずと手を出すのだ。ひとと同じであることを嫌いながら、ひととまったく異なるのは恐れる。安全とはいえ、さもしくてちょっともの哀しくなるような市民の幸福のかたちを、ファッションはむごいまでに明確に映しだす。

ファッションの感受性

学術局という地味なセクションにいる若い編集者が、最近、髪を後ろで束ねだした。幕末の志士か浪人のように、しかも背広を着て。このファッション、数年前から広告代理店のひとなどによく見かけたが、いまではサラリーマンのあいだにもじわりじわり浸透してきた。

ロンゲ。これをはじめとして、ベルボトムのパンツなど六〇年代のファッションが、ストリートの男性ファッションのなかに回帰してきている。一連の「みすぼらしい」貧乏ルックがその典型だ。

クロスジェンダー(性の境界の取りはずし)もそうだ。ピアスやスキンケア用品だけでなく、最近では男性用の香水も出だした。六〇年代は、ピンクや橙《だいだい》色を使ったサイケ調のシャツや大きなフリルのついたブラウスなどが、男性の性イメージを変えた。

過去の引用は、ファッションの常套手段だ。過去における近未来イメージを現在に再現するというレトロ、そんな手のこんだ手法すらしばしば登場する。

三十年前といえば、父親の世代である。その反抗の形式を、若い世代は引用する。反抗の形式としてではない。リミックスのための面白いアイテムとしてである。そしてそれを五〇年代、七〇年代とクロスオーバーさせて遊ぶ。

横並びがいや、画一性がいやというファッションの感受性は、真綿のようにじぶんたちを包囲してくるものにとりわけ鋭敏で、その予兆をすら見逃さない。そうした感覚が、境界をくずす、価値を逆転させるという同一の手法を、いつの時代にも呼びよせるのだろう。

だが若い世代は、その手法を手法としてしか意識していない。だからここにあるのは、父と子のほとんど同床異夢という図である。コミュニケーションはそうたやすくはない。

惰性の原型

今シーズンのコム・デ・ギャルソン（川久保玲）のコレクションは、着やすい服を志向したファッション界の趨勢に決然と背を向けたものであった。

ピン一本で留めただけのような複雑な仕立て、凝った加工のビロード地……。いずれもたっぷりつくりこんだ服が、ショー会場にぴんと張りつめた空気を漂わせていた。

他人と同じことはしない、前シーズンのテイストは絶対に引きずらない、一度使った布地は二度と使わない……。コレクションのたびごとにイメージがその基盤から揺らいでしまうので、見る者は平衡感覚を失ってうろたえてしまう。

みすぼらしく縮んだ第一次世界大戦時の軍服のイメージを基調にした構成、黒のイメージに逆らったピンク、水色、紫などウルトラポップな色のオンパレード、モデルに男物仕立ての灰色の背広を着せて性別の制度を攪乱するような服づくり、安物の色柄のシミーズをエプロンの上に重ねたような服で昭和二十年代の薄幸の主婦をイメージさせる構成と、ここ数シーズンをみても、コム・デ・ギャルソンの変貌ぶりはすさまじい。その徹底した自己転換の原動力はなんだろう。

流行というものは、「アンチ」も「脱」でさえもいつのまにか取りこんでしまう力や惰性がある。そういう力にのみこまれないように、川久保はモードよりも速くモードを駆け抜けようとしているのではないだろうか。そのためには、アンチ・モード派というイメージすら平然と脱ぎ捨てるのだ。

わたしたちは、他人と違う服を選ぶときでも、しばしば社会のマジョリティを横目でにらんでいる。じぶんの一貫性とか持続性という名目で、じつは惰性に陥っているのだ。川久保玲の姿勢は、そうした惰性によりかかる主体への鋭い警告といえるのかもしれない。

ステレオタイプ

恋愛というのは、「あのひとがいないと生きていけない」というふうに、たがいをじぶんにとって、二人といないかけがえのない存在として感じあう出来事であるのに、実際には出会いのかたちから、デートや手紙の交換や初めてのキスのしかた、そして愛の態位まで、世の恋人たちはほとんど同じようなスタイルでやっている。恋人たちが交わす愛の言葉もほとんどが、かたわらの者が照れくさくなるような紋切り型である。改めて考えると、まあ情けないことではある。

だが、紋切り型で表現される感情じたいも、それをあとでふり返って情けないと思う気持ちも、やはりステレオタイプであることを免れないのではなかろうか。

もしわたしたちが言葉というものをもたなかったら、じぶんをいま襲っている感情がなにか理解することはできないだろうと語った哲学者がいるが、感情というのは確かにもやもやしている。だから、母親は乳児に、あきれるほど単純な表情と言葉で語りかける。眉《み》間《けん》にしわをよせてにらむように「めんめ！」といったり、「よかったねえ」と子どもの頬を両手でなでさすったり、泣きそうな顔で「痛かったねえ」と抱きしめたり……。そうして子どもがじぶんがいまいる状態を理解できるよう、鏡の役をはたすのだ。

服は、個人の存在をそういう定型で枠どっていくときの重要な媒体だ。欲望や性意識の定型、性格や行動様式の定型。そういう具体的な社会的人格の形成に、服装がはたす役割は大きい。

だから、じぶんを変えようとするときは、まず服装に眼がいく。定型からどういうふうにしてじぶんを逸《そ》らせようかと考えるのだ。思春期のひとがファッションに関心をもつのも、それを既製のファッションをくずすことからはじめるのも、そういうわけだ。

だが多くのひとは、服を買いに行って、じぶんにぴたっとくるものを見つけられないで、手ぶらで帰ってくる。だれもじぶんがどんな服を探しているか、よくわかっていないのだ。

バーゲンセール

バーゲンセールの季節だ。ブランド・イメージを落としたくない一部の企業を除いて、ほとんどのショップが在庫品の安売りに出る。在庫一掃とか処分とか売り切れ（ソールド・アウト）とかいった商業用語が、普段ならひとびとがうっとりと眺めるショーウィンドーのガラスを覆うようになる。

バーゲンにはファッションの地顔が出る。ファッション界がいっせいに化粧を落とすのだ。そこには、衣類としての価値ではなく、ファッションの価値がいかほどであるかが、露出する。

とりわけ高級ブランド。以前は商品イメージを高く保つため、売れ残ったものをこっそりゴミ処理場に廃棄していたときもあるらしいが（もちろんそれも計算に入れているので、値段はますます高くなる）、いまは感謝セールとかいって、高価格購買者に七割引、八割引とそれこそ劇的に値を下げて売りに出す。

感謝セールというのはなかなかよく考えてある。売る側からすれば、在庫品を一掃したいけれど、値段を下げると購買層が広がり、イメージが落ちてしまう。ブランド信奉者の側からすれば、「バーゲンに走る」ことで自意識を傷つけたくない。そこで、「選ばれた人」へのお礼として特別セールという恰好をつける。

秋から冬にかけていったいなにが消耗したのだろう。いうまでもなく、モード記号としての価値である。それだけの金をかけて、時代を先駆けている、時代の空気に敏感だというセルフ・イメージ（ほとんどはやりに弱いということでもあるが）を買ったのである。

要は、時間を消費したのだ。

　商品開発も学問上の発見も、モードと同じく、「他人に先駆けて」ということが評価される。会社では、プロジェクト、プログラム、プロデュース、プロモート、プロフィット（利潤）、プロスペクト（見込み）、プログレス（進歩）というふうに、「プロ」（「前へ」を意味する接頭辞）のついた前傾姿勢で一貫している。ポスト近代といいながら、みんな相変わらず前のめりに生きている。

まぼろしで編む現実

　現実が、まぼろしで編まれているというのは、これはもう間違いないと思う。まぼろしが眼に見えないもの、手でつかめないものを意味するかぎりで。

　映画を見る、写真を見る、カタログを開く、雑誌をめくる、新聞を読む。あるいは手紙を書く、電話できく、Ｅメールで送る。そこにあるのは人体でも物体でもない。人体の映像であり、物体の模像である。イマーゴ、すなわち映しであり、まぼろしである。

　それがひとをわななかせ、悶えさせる。ひとの欲望を掻き乱し、引きつらせる。あるいは、邪悪な感情を誘いだし、淫靡な関心をあおる。笑いを、咽《むせ》びを呼びよせる。消費活動のみならず、政治や経済の動きですら、根っこではイメージで動いていることは否めない。そのリアルは、ほんとうはイリュージョナルな神経組織によって編まれているのである。そのことをかつてフランスのある哲学者は、現実的な物の想像的な組成と表現した。

化粧や衣服について考えるときも、そのきらびやかな現象の根っこにあるのはこの問題だと思う。ひとはじぶんの顔をじかに見ることはできない。鏡に映った像、写真に撮った映像のかたちで触れるしかないものだ。からだについても同じことがいえる。わたしたちに見えるのは手や腹や脚の一部にかぎられている。頭部のみならず、頸筋や背中や肛門も視界から永遠に遮られている。じぶんの身体はそれほど遠いものなのだ。

だからひとは顔やからだの表面を、それぞれに構成しなおす。そうして、おのれの無防備な姿をイメージで補強するのだ。じぶんの姿を眺める他人の視線を鏡にしながら。『モードの迷宮』(8) というわたしのファッション論を読んでくれた植島啓司は、その文庫版の解説で、この本のポイントは、見える「わたし」が「じぶん自身の似姿」でしかないというモードのパラドクス、つまりは「際限のない鏡の王国」の分析にあると評してくれた。

ファッションとは、見えないものの影なのである。

ブラウン管の内と外

ファッションには、世界に風穴をあけるような開放感がある。突っぱったり、背伸びしたり、いきったり、ふざけたり、お茶目をしたり、世の中からはずれていたり。普段と服装のチャンネルをちょっと変えるだけで、一日、うきうきした気分になる。ということは、飽きっぽいということでもあるのだが。

ファッションのほかにも、都市には、この世界の外部へ通じる口がいくつもあいている。お宮や社と、そこに生えている大木、そして場末のいかがわしい場所。お宮や社は、わたしたちの日常生活をかたちづくっているのとはまったく別次元の価値観を象徴している。大木は、わたしたちの人生をはるかに超えた悠久の時間を体現している。場末の薄暗い場所は、この世界に場所をもちにくい反価値の世界につながっている。つまりこの世界の外部、そこに通じる穴があちこちにあいている。

映画館のスクリーンやTVのブラウン管というのも、かつてはそういう都市の穴のひとつだった。ふだんの生活では出会えないものが、あの光の膜に映しだされていた。ところがいまのメディアを見ていると、日常の現実世界とのあいだに断絶というものがない。二つの世界はいわば出入り自由になっている。

サッカーの試合や永田町の政争に、あるいは少年の暴力事件に国民が一斉に注意を向けるかと思えば、一般人がスタジオのなかに入り、バラエティ番組で発言する、歌う、後方に座って臨場感を演出する。ブラウン管の向こうとこちらで、意識の落差がほとんどなくなっている。落差のなさはなによりファッションを見ればわかる。ビジュアル系のバンド

(8)『モードの迷宮』中央公論社刊。のちにちくま学芸文庫に収録。サントリー学芸賞受賞。

のファッションだって、おさまりのよい都市の風物詩になっている。

そういうなかで、政治の出来事も芸能人のスキャンダルも、情報としてはまったく等価なものとして次々に消費されていく。服装と同じように、世界の出来事そのものが情報であるかぎりにおいて順よく並べられ、のっぺらぼうになっていく。そういう光景をさして、ボードリヤールは「モードは、あらゆる記号が相対的関係に置かれるという地獄である」といった。

大木も寺社も場末もない新都市では、この世の外へ通じる穴をひとはどこに見つけているかな。

6　スタイルについて

スタイル

一方にそのときどきの「ふつう」の外見にできるだけ合わせようとするひとびと、他方に、民話に出てくる山姥《やまんば》のようなおどろおどろしいメイクを競う女性たち。同じファッションといいながら、どうしてそんな対照的なタイプがあるのだろう。

わたしというものはつねに、具体的なこのからだとして、あるいはそれを座として存在する。もはやからだとしては存在しない死者を思いだすときも、わたしたちはやはりそのひとの顔を、体つきをまずは思い起こす。

ところが、わたしはからだだといいながら、わたし自身はその内部はおろか表面についてもごく乏しい情報しかもっていない。背中はもちろん、他人がわたしをわたしとして認めるその顔ですら、わたしは生涯じかに見ることができない。わたしのからだとはつまりはわたしが想像する像（イメージ）にほかならないのだ。

このイメージは、身体についてのその時代のいろいろな観念と連動している。化粧や衣服の構成のしかたと結びついて。からだのどこを飾るか、どこを隠すか、どこを目立たせるか、どこを変形するか……。そこにからだについての固定観念や強迫観念が映っている。ファッションとはだから、ある時代にひとびとによって共有された身体像（身体解釈）にじぶんの身体像を沿わせたり、それに反撥したりすることで自己のからだのイメージを確定しようとするゲームのようなものなのだ。

服装やメイクに映しだされるようなからだへのある社会的なまなざし、それがひとびとの欲望に形を与える。ひとびとの情愛の肌理《きめ》をつくりだす。社会への恭順の意志を表わすとともに（いわゆる標準的な服）、そういった生き方の枠取りや包囲をすり抜けようとする反抗の形をすら決める（突っぱりや不良にもそれぞれ時代の、決まりきったスタイルがある）。わたしたちはそういうからだについての社会的な観念との距離を測りながら、じぶんのスタイルを成形していくのである。

「モードは、人間の意識にとってもっとも重大な主題（《わたしは誰か?》）と遊んでいるのだ」（ロラン・バルト）。

からだに根づくスタイル

ときどきほぼ同年代のひとばかりの会合に出ることがある。そんなとき、思わずほほうーと唸ってしまうのは、そのスタイルだ。企業や官庁の仕事だと全員背広できまりだが、ちょっとくつろいだ会合なんかになると、とたんにその「趣味」が出る。

ジャケットにノーネクタイのシャツ、合成皮革のショルダー・バッグとゴム底の靴、そして耳を覆うくらいの長さの髪（ただし相当な白髪まじり）。あるいは、紺のブレザーと格子柄のボタンダウンとコットンパンツ。それに、ちょっと横柄なしぐさ。

業種によってもちろん様子は異なるだろうが、それにしてもスタイルというのは引きずるものだなあと、あらためておもう。

身ごなしや身なり、そのなかにはしゃべり方や鼻唄の歌い方まで含まれるのだが、そういうじぶんにしっくりくるふるまいのスタイルというのは、食物の味つけと同じく、なかなか頑固なものである。

考えてみれば、人間の身体活動はスタイルの習得によってなりたっている。たとえば言葉を覚えるというのは、人間の自然な発声をある音韻体系にしたがった発声の型（スタイル）に取り替えるということである。いちど覚えると、もうもとの自然な発声はできなくなる。熱いものを触っても人に足を踏まれても、「ぎゃー」ではなく「あつい」「いたい」と叫ぶようになる。いったん日本語で話せるようになると、次に外国語を習うときに発音の変換に苦労することになる。歩くこと、物をつかむことにも、そしてもちろん服装にも、同様のことがいえる。スタイルというのは、それほど身体活動の奥深くに根づいているの

隔たりは、なかなか乗り越えにくい。

「文体（スタイル）は人なり」という言葉があるが、文体も含め、スタイルとは身体に刻印されたある時代の社会へのかかわり方、世界の感じ方のことである。だからその違いや隔たりは、なかなか乗り越えにくい。

スタイルのないスタイル

めったに足を踏み入れない、十代から二十代前半にかけての服のお店をのぞいて、ちょっとしためまいに襲われた。あまりに雑然とした「風」にである。

むかし百貨店の催し会場にあったような安手の生地、色の服やスカーフやサンダル。エスニックでもレトロでもグランジでもない、古着風、常着風の服。ケンゾーが七〇年代にやったような違った格子柄の組みあわせ、チェックと花柄の組みあわせ。世界中の市場や洋品屋さんから適当に仕入れてきたような生地。狭い商店街の雑貨屋さんにむかし売っていたようなビーズで覆われたハンドバッグやつっかけ。男の子ならそっけない無地のジャケットやセーターやマフラー（くすんだ水色や赤が目立つ）。

茶髪でも金髪でもなく、ナチュラル・メイクでも顔《がん》グロでもなく、厚底の靴でもなく、丸坊主やお下げに裸足が似あいそうな、「背伸び」というファッション・センスとおよそ無縁な、悪趣味すれすれの服たち。スタイルのないスタイル。あるいは、ブランドの外にあるブランド。それがポップなカラーの棚に並ぶ。そしてそれが不釣りあいなほどシンプルでしゃれた紙袋に入れて売られる。ちょっと皮肉な見方をすれば、売り場には、見本を見て着るんじゃないという感覚を、ファッション産業が見本にしだしているという感すらある。

抵抗には方向があるが、漂流には方向がない。力みがない。なにかに憧れ、何かを拒むんじゃなくて、ふわふわ、ゆらゆら気ままに漂う。売り場にいると、いまファッションを「美」というターム（用語）で語ることにはほとんど意味がないという気がしてくる。そこに「意味」を読むことがとても虚しく思われてくる。

それぞれに「勝手」という雰囲気はとても心地よい。が、「勝手」がここまで横並びになると、息苦しい感じがしないでもない。これもまた勝手な感想なのだろうか。

「いき」の構造

大学の講義で哲学者・九鬼周造の仕事を論じている。九鬼周造は戦前の京都大学文学部で西洋近世哲学史を講じていたひとで、長い滞欧生活のなかでベルクソン、リッケルト、ハイデガーらと深く交わり、同時代のヨーロッパの哲学・思想にもっともよくなじんだ日本人であるとともに、『偶然性の問題』など世界レベルの高密度な思考をくりひろげたことでも有名だ。

このひとにはもうひとつ、『「いき」の構造』という有名な著作がある。彼の日本でのデビュー作といえるもので、岩波文庫にも入っている。

この本は、「いき」という感覚と廓《さと》における身のふりやさばきとを手がかりに、日本文化に浸透する一種独特の感受性と美意識を論じている。「垢抜けして張のある色っぽさ」に「いき」の本質を見いだし、そこに媚態を基調としつつ、武士道の理想主義にもとづく意気地と、仏教の無常観を背景とする諦めとが交錯するさまを見てとる全体の仰々しい構図はさておいて、断然おもしろいのは、廓のいきな女性の身なりや身ごなしの細部に向けられた濃やかなまなざしである。

細面《おもて》、流し目、薄化粧、おくれ髪。柳腰、素足、湯上がり姿、うすものの覆い。それに襟足を見せる抜き衣紋《えもん》という、かるく平衡を崩した着方、白い足をちらっと見せる左褄《ひだりづま》とよばれる裾さばき。あるいは縦縞の柄、あるいは「いき」は色っぽい肯定のうちに黒ずんだ否定を匿《かく》しているといわれるくすんだ色（灰・茶・青）の趣味。

ここでは、平衡を崩してわざと全体を不安定にする〈ずらし〉の感覚や、あるものと融和することなくつねにそこに隔たりを置く緊張のある対立関係といった、モードのエッセンスというべきものが、きめ細かな観察と推論とによって冷ややかなくらい明晰に分析される。男性モードへの言及がないところがちょっと不満ではあるが、戦前のジンメルやベンヤミン、戦後のロラン・バルトやボードリヤールにくらべても遜色のない凄味のあるモード論だ。

ちなみにこの教授、いつもくすんだ色の膝まで届きそうなガクランのような長い背広を召していたそうな。まあ、いまでいえばヨウジヤマモトのスーツといったところか。

シック

シック。

控えめで、地味で、ちょっと渋みがあって、しかも繊細な美的センスがすみずみにまでいきわたっている……。そういうシックは、日本語でいえば、「いき」とか「上品」、「瀟洒」とか「洗練」に近い。シックの反対の意味を考えてみればいい。野暮、派手、下品、無粋、豪奢、絢爛。あるいは、しつこい、くどい、重い、あくが強い、甘ったるい、くたびれている。そんな形容が思い浮かぶ。こうなると、シックはほとんど「都会的」というに等しい。

控えめとか渋みというのがファッションのなかで強調されるのは、都会人のマナーとセンスに関連しているからだ。個人のプライヴァシーを尊重すること、他人の生活に深く介入しないこと、自己主張をしすぎないこと、直接的な感情表現は控えること、ほのめかすこと、なにごとにも執着しないこと、離れがいいこと、しかしどこか張りがあること、惹かれること、気品があること、凜《りん》としていること、ほのかな色があること、軽やかであること。

もつれ、がんじがらめ、しがらみ、まといつきは、いとわしい。耽る、溺れる、おもねるというかたちで、なにかに身をまかすのは、みっともない。

「いき」を「あか抜けして、張のある、色っぽさ」と定義した九鬼周造は、そういう思想から、きものの「いき」な色柄を説いている。

まず縞。交わらない単純な平行線は、他とのあいだでくっついたりもたれ合ったりしない緊張感のある関係を表す。

次に「いき」な色。九鬼は鼠、茶、青の三つの系統をあげている。とくに茶色は、色調の華やかさとくすみや寂《さび》を、つまりは、諦めを知る媚態、もしくはあか抜けした色気を表す。「色にしみつつ色に泥《なず》まないのが「いき」である。「いき」は色っぽい肯定のうちに黒ずんだ否定を匿《かく》している」(『「いき」の構造』)。ここではじぶんの内にある対立するベクトルのぎりぎりの平衡がきりっとした緊張を生みだしている。この二重の意味で、シックは「だれ」や「たるみ」をなにより厭うのだ。

いいかげんな眼で見ていると地味でつい見すごすが、それに眼をとめると、静かに、そして渋く抑えられた表面の向こうに、濡れた誘いや憂いが、ぎりぎりの張りや諦めが透けて見える、そういう深くて奥行きのある色っぽさをこそ、シックは湛えている。

あいまいさの誘惑

お盆が過ぎて、帰省ラッシュも一段落。新幹線はまた出張族の足に戻った。とはいえ夏休みのあいだ、まだしばらくは混雑は続く。

その新幹線（ＪＲ東海）の男性の車掌さん、在来線と違ってせかせかせず、どこかゆったりして見える。駅と駅のあいだが長いということもあるだろう。が、それ以上に、あの制服の与える印象が大きいようだ。

サイズがとてもゆったりしているというのも、どこか余裕を感じさせる。が、それ以上に、黄色や橙《だいだい》色といった鮮やかな地に抽象画のような模様をつけたあのとびきり派手なネクタイがいい。山本耀司のデザインだそうだ。

市民の安全をあずかる重い職務を象徴するようなスーツの色形と遊び心いっぱいのネクタイ、そのコントラスト、そのちぐはぐさが魅力のポイントだ。矛盾する契機が同じ服のなかでせめぎあいつつ共存していること、つまりはイメージの揺れ、それはファッションにおける誘惑の文法である。ハイヒールはそういう不安定さを純粋に形象化したものだ。一分の隙もない人は、尊敬されても魅かれない。不幸の影がぜんぜんないひとはうすっぺらに見える。百パーセント男性の人、あるいは隅から隅まで「女」そのものであるようなひとはどうしてもマンガになってしまう。逆に、なにかになろうとしているのに、それを裏切るものを同時に分泌してしまう、そういう対立を内に秘めている人は、危なっかしくって眼が離せない。つまり気を惹くのだ。

ルイス・ブニュエル(1)に『欲望のあいまいな対象』という映画がある。この監督、上流階級の夫人と娼婦という二つの顔をもつ女性を描いた『昼顔』も撮っているが、意味を確定できない曖昧さこそ誘惑のツボだということを、憎いほどよく心得ている。

スカートの謎

考えてみれば、スカートというのは奇妙な代物だ。男女のあいだで、体型も排泄の様式もそんなに違わないはずなのに(男女ともしゃがんで小用を足す社会もある)、ズボンとスカートというふうに、わたしたちの社会では男女は極端に対照的な衣類を着用する。

見つけられては困る手紙は、封を開けたまさりげなく、他の書類とともに机の上に置いておくにかぎるという話を聞いたことがある。その封を開けたままの手紙を、女性のスカートにたとえたフランスの精神分析家がいる。

なかを見ようと思えば見ることができるようにしておきながら、見ることは許さない。「見たい?」というメッセージと「見たらだめ!」というメッセージが同時に発信され、男はくらくらする。おろおろする。で、ちょっぴり未練を残して眼をそらす。するとそれに追い打ちをかけるかのように、ミニスカートやスリットの入ったスカートが眼に入る。隠しつつ見せる。そんな手の込んだ誘惑法が、女性の装いのいたるところに潜んでいる。

からだの曲線や下着の線をくっきり浮き上がらせるピチピチのニットのワンピース。肌を透かし見せるシースルーのブラウス、あるいは胸ぐりの深いシャツ。

見せたいのか、隠したいのか。メッセージを不確定にするのが、この誘惑の戦術である。欲望はあいまいなもの、不安定なものに引きつけられるのだ。ハイヒールは、その不安定という要素だけを純粋に形にしたアイテムだ。

もっともこれは異性にとってのことで、スカートをはく側からすれば話はちょっと違ってくる。視覚の問題ではなくなるからだ。

たとえば、ミニスカート。これだと大股で歩ける。いや、走れる。ふくよかで丸みのある「女っぽい」身体でなくても似あう。そう、ミニとともに身ごなしが変わった。女性が自然だと感じるセクシュアリティの幅がうんと広がった。

こんな思わせぶりなスカートも、いつか消える日が来るのだろうか。

統一感はむしろ退屈

柳腰、流し目、細面、薄化粧、おくれ髪、抜き衣紋、左褄、縦縞、湯上がり姿……。哲

(1) ルイス・ブニュエル　スペインの映画監督(一九〇〇—一九八三)。シュールレアリスムの影響を受け、ブルジョワの順応主義や宗教支配を諧謔的に描く。作品『ヴィリディアナ』『ブルジョワジーの秘かな愉しみ』など。

学者の九鬼周造が、『「いき」の構造』のなかであげた「いき」の例である。

不安定、非対称、重ね、流れ、みだれ、ぶれ、ちらちら。

からだの表面がうごめいている。そこには動きがある。

〈誘惑〉というのは、たぶんそういうものである。見えるかなあと思わせて見せない。気があるかなあと思わせて撥ねつける。きちんとしているなあと見えてどこかはずれたところがある。つまり、対立するベクトルが同時にそこに現われているのである。

だから、頭のてっぺんから爪先までぜんぶ「わたしは女です」という、おさまりのいいファッションは退屈だ。「わたしは女です」というメッセージを基調としながら、刈り上げの頭にしたり、男性用のジャケットやシャツを身につけたり、スラックスをはいたり、太い眉、太い声をしていたり、動作が大ぶりであったりというふうに、そのメッセージを裏切るような要素がいろんなところに配されているようなファッションに、ひとの眼は引きつけられる。いや、そういうふうにひとつにまとめることができないのが、人間だ。

同じように、全身、「わたしはきちんとしたおとなです」というファッションも退屈だ。ポップな柄のネクタイをしていたり、ふといたずらっこのようなふるまいをしたり、ランドセルを背負ったり、ポシェットのなかにキティちゃんのようなキャラクター・グッズをしのばせていたり……というのは、ふと、ひとの気を惹くものである。

「人間はつねに分裂し、じぶん自身に反対している」。

この十七世紀の思想家パスカルの言葉を、ファッションは目に見えるかたちで実践している。いつもちぐはぐであるということ、バランスを欠いているということ、これがファッションの人間観である。

ミスマッチの心地よさ

八〇年代に「ミスマッチ」という言葉がはやった。ジーンズにハイヒールを合わせる、といったちぐはぐなファッションのことだ。ひとつまちがうと、ただの没センスどころか悪趣味にさえなってしまう危ういスタイル。が、それから十年以上経って、この小さな賭けもセンスが磨かれてきて、ミスマッチがシックにさえ感じられるようになってきた。

きのう電車のなかでたまたま見かけたひとりの若い女性は、フォーマルっぽいカシミアの端正な黒の半コートの下からカジュアルなチノパンツをのぞかせていた。ひとりの初老の男性は、ブランドものの黒のマントの下にジーンズとスニーカーを履いていた。気品の漂う見事な取りあわせだった。

ミスマッチというのは慣習的な着方への違反ということだ。こんな自由な社会なのに、礼装や制服だけでなく、日常の服にも記号としての約束事があって、だれ彼ともなくたがいに無言で服装を牽制しあっている。ミスマッチの心地よさというのは、そういう定型を軽やかにはずすところにある。新しいファッションはいつも約束事を破ることからはじまる。つまり上品と下品の間《あわい》から出現して知らぬまに上品／下品の基準を塗り換える。その過程を地でいくようなファッションがミスマッチなのだ。

だからミスマッチに定型ができたら、意味がない。「はずし」の感覚は「くずれ」るぎりぎりのところで、定型というものと戯れることにあるからだ。横並びが最悪であることはいうまでもない。

ひとつの集団への帰属によって、じぶんがだれであるかをじぶんに対して証明するような、そんな生き方が長らく推奨されてきた。みんながそうだ、そうだと、なんか自信なさそうに相互確認をしているような場所から距離をとっているほうが、そして、あれもしこれもしと複線の人生を歩んでいるほうが、背筋もしゃんとして楽しいよ、そんなメッセージがミスマッチの着こなしからは漂ってくる。

YOHJI と ISSEY

この秋、二つのすてきな服に出会った。メンズはヨウジヤマモトの店で。ヨウジの服には、ほとんど無彩色の抽象的なテイストと、まるでいい年をしたプータローかチンピラみたいな派手な遊びの感覚という両極端の要素が張りあっているようなところがあって、いちど身につけると病みつきになってしまう。

この秋見つけたのは、一センチくらい厚さがあろうかという、黒いスポンジのような服。

ポケットもボタンも襟もない、膝までのつるんとした服だ。ロシア・アヴァンギャルドの人形のような感じで、少し肥満体のひとだと、ドラえもんのように見える。試着すると手の置きどころがなく、なんとも落ちつかない。

レディースで眼を奪われたのは、イッセイミヤケの、たためばただの矩形、広げればきもの、着れば上は美しいドレープとランニングシャツの組みあわせ、下はきものの裾のように見える服。でもそれはひとつの見え方にすぎない。着方によってエレガントなドレスにもしゃれたカジュアルにもなる。イメージはじぶんで決めたら？　そんなメッセージが布のなかから聞こえてくるようだ。

三宅一生は、服をあえて未完成のままにしておいて、あとは着るひとにゆだねる。着るひとはふとまどう。そしてじぶんに向きあわされる。そういう迫り方がしんどくて、一晩、まっさらの服を着たまま寝て、しわくちゃにして、やっと等身大で服と向きあえるという、イッセイを愛用している女性の話を聞いたこともある。

ヨウジの服もイッセイの服も、わたしたちにさりげなく、だがちょっとあとに引くようなおしゃべりをしかける。現代の都市設計に必要なのも、わたしたちのイニシアティヴを引きだすようなこうした〈未完成〉のデザイン感覚ではないだろうか。

メンズ・モード

ファッションといえば女性のもの、じぶんたちは見る側にいると、男性は長らく勝手にそう思いこんできた。

男性はたいていの時代、じぶんを、孔雀にだって負けないくらいゴージャスに飾ってきた。十九世紀以降の二百年間（日本では明治維新以降）、男性の衣裳が色を失ったのは、むしろ例外的なことだ。たとえば、赤色のリボンの靴下どめを直すのが十七世紀フランスの王侯貴族の色っぽいポーズだった。伊達政宗の衣裳の大胆な幾何学模様とカラー・コーディネーションや、東北の寒冷の季節にも薄着をしていたその意気は「伊達者」という言葉を残した。江戸の町人は武家を挑発せずに、でも粋な遊び心は満たしたくって、裏地に艶な絵を縫いこんだきものを着たものだった。

もっとも、男性が見る側にまわったからといって、おしゃれ心が減ったわけではない。やがて「背広」として完成されることになるような基本形が確定されたがために、逆にいろいろ遊べるようになったのである。自由というのは、しっかりした枠組みがあってこそはじめて生かされるのである。わたしは高校時代まで、毎日、舞妓さんと修行僧とすれ違いながら登下校していた。一方はドレスアップの極致であり、他方はドレスダウンの極致だった。このふたつは服装の極限であって、これを超えるのは大抵のことではない。こういうふたつの極限がはっきり設定してあると（この間は広ければ広いほどよい）、ひとは逆にその間でのびのびと服装で遊ぶことができる。ちょっとした冒険くらいでは、舞妓さんと修行僧を超えることはできないからだ。

背広といえば、どぶ鼠色というふうに、おしゃれという点からするとあまり評判がよくない。しかしこれほど（ふつうの）男の肉体を美しく見せる服はない。背広はたとえば、からだをすっぽり覆い隠しているのに、そこかしこに適度な緩みがあるので、四肢を大きく動かしても地べたにしゃがんでも引きつらない。からだの表面は緩やかな平面を構成し、からだの細部のあまり美しくない特徴を目立たなくしてくれる。からだの動きを止めたときは、服の全体がすうっともとの形に戻る。装飾的な要素が少ないので、着くずれしにくいのだ。

テイラード・スーツはこのように人体の形を、抑制のきいた抽象的なフォルムへとデザインし直すモダンなテイストと、それを裏打ちする精妙な仕立ての技術に基づいていて、襞《ひだ》やフリルから手の込んだ化粧やアクセサリー、さらには凝った下着や不安定なハイヒールなど、装飾性が強い大半の女性服とは大きなコントラストを成している。

こういうしっかりした基本形があると、こんどはそれといろいろ戯れることができる。背面や裏地にヌードの絵を縫いこんだり（ヨウジヤマモトの服にはこういう遊びが多い）、黒の上下、そのジャケットの袖や裾に花柄の刺繍をあしらったり、オレンジや黄色などの幾何学模様（大阪の男たちはこの色を愛している）を大胆に配したり。一回り年上の友人などは、フォーマルの白いシャツの背のところにサイケの絵がまるで刺青《いれずみ》のようにプリントされているのを着ている。そういえばマリリン・モンローのヌード写真をプリントしたオレンジ色の革ジャンを着ている中年の男を見たこともある。みんななかなかやるのだ。

若者だって、そうである。知りあいの新聞記者で、就職面接のときにあのリクルート・スーツをどうしても着ることができなくて、いろいろ考えた末に生まれて初めて買ったスーツがコム・デ・ギャルソンの「セビロ」。見た目は他の男とほとんど変わらないけれども内に凶悪な意志を秘めている。で、それを「都市ゲリラの戦闘服」と勝手に名づけてかろうじて心のバランスをとっていた。

黒のスーツのときによくつけるわたしのネクタイは、渋いが明るいブルーグレーの地に朱色と銀色の線をダブらせる形でストイシズム（禁欲主義）と書いてある。ところが、上からボタンをふたつはずすと、「なんてありえない」というフランス語が続いて出てくる。Stoïcisme est impossible. ストイックになんかなってらんないよ、というわけだ。

おしゃれ、ダンディ。それは、社会のマジョリティへの距離感といってもいいかもしれない。ちょっと斜に構えたクリティカル（批評的）な距離だ。わたしはそれを、「人生のはずれ」を「人生のはずし」へと裏返す生き方といってきた。通念や道徳的常識にとらわれることなく、ステップよく、軽やかで、ときにひとをニヤリとさせる悪戯心があり、瞳の奥に深いホスピタリティを湛えている……そんな人間である。

とらわれがないというのは、常にクールであるということだが、同時に風来坊で、どこにいるのかなかなかわからない、ちゃらんぽらんということでもある。いい加減というかたちで、良い加減を模索しているわけだ。だから、時代がチャラチャラしてくると、風来坊のような野郎が多いなかでは、責任をしっかりとれる凛とした男として、逆にかっこよく見えてくるのだ。世の中、なかなか不思議なものである。

九鬼周造の「いき」の定義、「あか抜けして（諦め）、張のある（意気地）、色っぽさ（媚態）」というのはいまも生きている。この夏もまた、あの長袖のスーツをしわを寄せないできちんと着こなしているストイックな男たちは、なかなか素敵であった。

ダンディズム

矜持やダンディズムといった言葉は、伊達者（ザ・ボー）という言葉とともに、とうのむかしに死語になってしまった。

群れない、他人のなかに埋没しない、他人に期待も依存もしない、評判や悪口にも心を乱さない、おのれの欲望に動かされない、饒舌にならない……。自然の情動に身をまかせ、姿勢が崩れてしまうような生き方をよしとしないダンディは、ひとびとが「脱力」に最後の活路を見いだす現在のような時代にはそぐわないのだろう。アヴァンギャルドとともに、ダンディがまるで天然記念物のように見えてしまう時代である。

生田耕作氏[2]の『ダンディズム——栄光と悲惨』によれば、ダンディの精華とされるジョージ・ブランメルは、そのむかし、流行にしたがうことも、逆におのれのスタイルが模倣されることもなんとしても肯じえず、「世間を煙にまく、もっとも盗用しにくい様式」を編みだそうと「減算と削除を極限に押し進め、他人に読み取れるものはもはやなにひとつ残さなかった」という。

「街を歩いていて、人からあまりまじまじ見られるときは、きみの服装は凝りすぎているのだ」。これはそのブランメルの寸言である。

ところが、ひとはふつう逆に考える。目立つ服を着ることで、つまり引き算ではなく足し算で「個性」を表現しようとする。表現（エクスプレッション）とはじぶんを押しだす行為である。が、それはダンディからすれば「弱い」ファッションである。たとえば派手な原色や奇抜な柄の服を着るのは、他人の眼にとまること、他人の視線の対象となることで、じぶんの存在を確認していたいという受け身のファッションである。そこには、「愛する」というより「愛させてほしい」、「信じる」というよりも「信じさせてほしい」といった受け身の生き方、「癒されたい」という待ちの姿勢に通じるものがある。

ダンディは「男の美学」などといわれてきたけれど、そろそろ女性に引き継いでもらったほうがいいかも。

黒

先日、とあるお洒落なホテルで若いカップルの結婚式に出くわした。そして色に驚いた。真夏ということもあってか、色艶《あで》やかでゴージャスなきものやドレスを着た二十代の女性が少なくて、ほとんどが黒ずくめのシックでシャープな装いだった。

そういえばこのごろは、夏といっても黒を召しているひとが多い。スーツやワンピースも、あるいはキャミソール・ドレスの上にちょっとはおる半透明のカーディガンにも、黒を基調にしたものが目立つ。ブラジャーやマニキュアも、黒をよく見かける。おとなの女性も思春期の女性も、である。

黒は、ここ数年で、服装のベーシックのひとつとして確実に定着した。最初大人たちは鬱屈や不従順や絶望の日常化をとっさに感じとって、不気味に思った。黒には、不幸や罪、悲嘆や喪、孤独や忌まわしさ、それに権威や強権という意味がへばりついていたからである。

が、そういう黒の象徴的な意味づけはその後、それこそ脱色されていった。色がもつ過剰な意味づけ（たとえば男性はダークなブルーか無彩色、赤やピンクや黄は女性のカラー

（2） 生田耕作　フランス文学者（一九二四―一九九四）。元京大教授。マンディアルグ、バタイユ、セリーヌなど、数々のフランス文学を紹介。すぐれた随筆家でもある。著者の大学時代のフランス語の先生。

といった「色分け」）から自由になれるという解放感が、黒に感じられるようになった。もっとも黒である以上、色としての強度はやはりあって（黒はよく目立つ色である）、「禁欲的」と「誘惑的」という正反対のメッセージをいっしょに送りこんでくるところに、妖しさ、いかがわしさがちゃんと保持されている。そのアブナさが魅力のポイントでもある。

黒は他のものを美しく見せる。肌を透き通るように白く見せることで切れ味の鋭いエロティシズムを漂わせる、光を屈折させて生地の肌理を柔らかくする、生地の微妙な風合いをいっそう美しく見せる、布がくぐってきた濃密な時間を感じさせる……。そういう布の気品というものが、黒にはある。黒は凜々しい。

日常化した色の過剰

もう十五年以上も前のことだが、カラス族という、黒ずくめのファッションがはやった。黒というのは「喪」を象徴する色で、黒のセーターやジャケットを身につけることさえ勇気がいるような時代がずっと続いてきたから、カラス族の出現は強烈であった。

そこには、なにかを棄てた、封じこめた、埋葬したといったような、時代というよりもじぶん自身の喪に服するところがあって、それが忌まわしさというよりも凄みを感じさせていた。そう、断念もしくは拒絶という、静かだが深い決断があった。はじめのうちは。

それがやがて大流行となり、あたりまえのファッションとなり、いまでは女子中学生も透けた黒のブラウスを愛用し、中年女性も普段着として黒を召す。「喪」の意味がすっかり削げ落ちたのである。

むかしは色をつけることで非日常を体験した。夕焼け空のあの華麗な朱色など怖くて身につけられなかった。黄や紫の着用は「禁色《きんじき》」といって高貴な身分に限られていた。それほど色はおそれ多いものであった。

それが染色技術の発達で、だれもが簡単に華やかな色を身につけることができるようになり、ひとは逆に色のないもので非日常を体験するようになった。黒はもう日常色になったが、白一色というのはいまでも異様に目立つ。が、やがてそれも日常化して、非日常が身体の表面から消えていくのだろう。身体の表面が見なれた色ばかりになって、余白がなくなっていくのだろう。

色の過剰は日常生活そのものをお祭りのような気分にしたが、同時に、非日常の怪しい隙間、怖い孔をふさいでいった。そしてかったるくて鈍い空気だけが残った。

ある知りあいの生地職人はいう。「じぶんは黒と紺と生成《きなり》でいいと思う。色はつくるもんじゃない」と。

色の悪夢を知りつくしたひとの言葉だと思う。この人にとって、アース・カラー、エコ・カラーなどというのは、偽善の極みなのだろう。

衣服の方言

むかし学生時代を京都で暮らした友人が、京都を去るときに意外なことをいった。きつい仕事を終えてようやく家に帰り着いたときに京都人がふともらすあの言葉、「ほっこりした」に出会ったことが京都での最高の思い出だ、と。

そういえば、事態が面倒なことになったとき、京都人がよく、頭に手をやって「難儀やなあ」「えらいこっちゃなあ」「しゃあないなあ」とつぶやくのも、情感がたっぷりこもっていて、大好きな表現だ。「いけず」「いらち」「いちびり」「いきり」も、短くてもひとの性格を感情の襞《ひだ》深く表す関西弁の言葉だ。

どこのお国にも固有の方言があって、料理の味つけともども、それにふれるのは旅の楽しみのひとつである。

むかしは衣服にも、身ごなしにも、はっきり方言があった。いまの衣服には、儀礼用のそれを除いて、基本的に方言がない。ファッション情報が雑誌や放送メディアを通じて各地に同時に発信されるのだから、まあ当然のことである。それは、生まれ落ちた場所からのからだの解放であったが、同時にからだの底からする感情表出の抑圧でもあった。だから生まれ育った場所の言葉で、呻《うめ》くように、咽《むせ》ぶようにじぶんの感情を表出できても、服装でそれを表現するのはむずかしくなっている。そう考えると、耳に孔をあけたりして身を傷つけるのも、感情の座としての身体のテンションを上げるためにどうしても必要なことだったのかもしれない。

英語が世界語へと拡大していくことで微細なニュアンスを削ぎ落としていくように、洋服もヨーロッパの文化の構成要素からグローバルな文明のそれへと拡大していくことで、衣服の世界語となっていった。いまではどんな辺境でも、Tシャツやコットンパンツを見かける。こうして洋服はその文法をよりゆるやかなものに変換し、そのことでもとのなにかを抑圧したはずだ。そのなにかとはいったいなんだったのだろう。

関西派手

三都物語という表現が定着して、関西旅行というとこのごろは京都・大阪・神戸を巡り歩くケースが増えているそうだ。さてこの三つの街に共通のファッション・テイストといえば、一つに派手がある。コーディネイトされたしっとり派手に、度の強いこてこて派手、それに透明感のある乾いた派手と、ニュアンスはあるが、着倒れといっても、もともとどの街のことだったかととまどうくらい、ファッションの心意気というか衣文化というか、その個人主義は年季が入っている。つまり、横並びが嫌いなのだ。

この関西の派手さは、自己主張の強さとすぐに結びつけられることが多い。関西人の押しだしの強さ、目立ちたがりなどと解釈されるのだ。しかしこの派手さ、ほんとうににじぶんを押しだし、強調する派手さだろうか。

ファッションを個性の表現だとか自己主張の媒体だというのは、今日でこそ普通の考え方にはなっているが、おしゃれにはもともと、もうひとつ、だいじな要素があった。他人の視線をデコレートするということ、それだ。そういう要素が関西のファッションにはむかしからたっぷりと含みこまれている。

たとえば、夏に一枚重ねることによって、他人の眼を涼ませる黒の透けたきもの。人形のように着飾って行き違うひとの眼を一瞬なごませる舞妓のだらりの帯。じぶんをこの世のいちばん低いところに置いて、罪深き人、煩悩の衆生を深く迎え入れる僧のこよなく質素な服装。そういう伝統の服装もそうだが、大阪のミナミに集う老若男女の思い思いのカラフルな服や過剰なくらいのアクセサリーも、「只今参上」といった感じの大胆なコーディネーションも、話題になって座がにぎわえばいいという、他人へのサービス精神溢れるファッションだ。ここでは服は、ただおもしろいというだけで肯定される。(学問においても以前は「おもろい」というのが格別のほめ言葉だった。)

ホスピタリティのファッション、関西の派手をそう名づけてみたい気がする。衣服を〈流行〉という現象の外部で構想しなおそうとするとき、関西のこの派手がひとつのヒントになる。

洋服はすでに「和服」

あえていえば、「洋服」は和服である。現代日本の住環境、労働環境にぴったりで、皇室から茶道・華道や歌舞伎など伝統文化の関係者にいたるまで、その日常生活のなかでほぼ全員に着られているのだから、日本式という意味で和風をいうならば、洋服はすでに和服である。その証拠に、きものを製造・販売している業者もみな背広にくるまっている。下着だって褌《ふんどし》や腰巻きをするひとはめったにいない。

日本の近代化が、とくにその精神が「内発的」でないと指摘したのは夏目漱石であったが、柳田國男は昭和の初めにすでに「ヨウフクの発見は至って自然である」といい切った。時代は近代化への懐疑やためらいを追い越したのである。

わたしたちの多くが現在では「洋間」で暮らし、「洋服」を着て、「洋食」を椅子に腰かけて食べ、オフィスのパソコンも横書きで入力する。「西洋近代文明」が生み出したものはわたしたちの血肉をなしているのであって、もはや借りものではない。日本人はある時期、彼らなりのやり方で、衣装をそっくり入れ換えたのであって、柳田國男のいうとおり、「何を一国の国風と認むべきかは、そうたやすく答えられる問題ではない」のだ。

だから、日本のデザイナーたちが、ファッションの祭、パリ・コレクションで現在、先導的な役割をはたしているとしても、なんの不思議もない。

先日、たまたま三宅一生の近年の仕事をまとめて見る機会があった。三宅は、布を裁断し、それを縫いあわせて身体をすきまなく被うことでシルエットを造形していく「洋服」

の発想に対して、一枚の布を身にまとうという、身体と布との対話のなかで服ができあがっていくようなデザインを対置した人だ。そういう、衣服へのいわば構造的ともいえる問いが、こんどは「洋服」そのものを変えつつある。その試みがきものの反物《たんもの》(3)の発想にひじように近い次元で構想されているのを目の当たりにして、驚いた。

きものテイスト

古着ブームにつられるようにして、古いきものにも人気が集まっている。わたしの住んでいる京都では、むかしから東寺や北野天満宮の境内や参道で、縁日に、のみの市が開かれていて、そこに古着のきものが並べられてきた。以前は外国人専用といった時代もあったが、最近は十代の若者たちで溢れかえっている。

下駄や雪駄《せった》などに、ブルーや焦げ茶のペディキュアをした素足を通すのも流行らしく、電車のなかでもよく見かける。丸山敬太(4)がこのところ提案している和装感覚のファッションも、こうした若い人たちの無意識をいち早く取りだしたのかもしれない。

きものといえば、高価で実用性に乏しい工芸品のような振り袖か、湯上がりに着るシンプルな浴衣《ゆかた》かというふうに両極端しか関心をもたれないのが、これまでの若いひと向けの和装市場だった。が、いずれにせよ、非日常の衣裳でしかない。

若いひとたちがいま関心を向けているのは、そうではないかつての日常着としてのきものであり、またハイテクのスニーカーとは対照的な天然素材の（和というよりは）アジア感覚の下駄のたぐいである。それらをいまの無国籍的な日常着と組みあわせて着るのである。

ゴージャスなドレスアップの装いとしてではなく、ちょっと肩の力を抜いたドレスダウンの感覚できものを見なおす。これ、現在の和装産業へのささやかな警鐘として聞くべきだろう。

なにかにむかって一瞬の無駄なく邁進するという現代人の息せききった時間感覚から切れたとき、ゆったりとしたきもののさばきがとても快くなる。布と布、布と肌のあいだにはらまれるふわっとした空気の感触がとても心地よくなる。外出用のきものが普段着になり、いくどかの縫いなおしのあとで蒲団カバーになり、最後は雑巾になるという、きものにしみこんだ着まわしの思想は、文化としておしゃれに感じられるようになる。若いひとたちは着古したきもので、この世界に通気口をあけようとしているのだろう。

（3）反物　きもの一着分につくられている織物。幅九寸（約三四センチ）、長さ二丈八尺（約一〇・六メートル）。
（4）丸山敬太　ファッション・デザイナー（一九六五―）。タレント等の衣装デザインを経て、一九九四年に東京コレクションにデビュー。ブランド名はケイタ・マルヤマ・トウキョウ・パリス。ノスタルジーとあたたかみのあるデザインで人気。

ひとは衣に救われる

喪に服す。深い哀しみをともにする。共感とか同情を意味する英語のシンパシーは、ギリシャ語源で「苦しみをともにする」という意味だ。そういう想いをわたしたちは黒いもので表わす。

嫁ぐ者、冥土へと旅立つ者が白い装束に身をつつむ。それを送る者が黒の装束を身にまとう。あるいは、ひとのために祈る者が冬に薄布一枚で水を浴びる。あるいは、指輪をはめて愛を誓う。ときには膚の一部を傷つけることさえもいとわず。

ひとはなにかに服するとき、心をおさめるとき、定めに身をゆだねるとき、きもちに張りをもたせるために、衣服に頼る。ひとりでは耐えきれぬ哀しみに包まれたとき、志を曲げまいと思うとき、衣服のなかに立てこもって態勢を立て直そうとする。

そう、ひとには衣服に救われる、助けられるということがあるのだ。

気合を入れるときに、ネクタイをワン・フィンガー分、ベルトを穴ひとつ分、きつめに締める。派手めの服を着る。濃いめのルージュをきりっと引く。高めのヒールを履く……。逆に、一日じっとだれにも煩わされず心静かにしていたいときは、まわりに溶けこむような目立たない服装にする。

外見を普段と違えるというのは、気分を入れかえるのになかなか効果的なのである。日常生活のリズムを崩すというやり方もある。ルロワ＝グーラン(5)という学者が『身ぶりと言葉』という本のなかでくわしく分析しているが、たとえば、断食や不眠によって生理器官の慣れをうち破るとか、夜明かし、昼夜の逆転、性の禁欲などで、自然のリズムを破壊するとかいったやり方である。舞踊というかたちで身体運動に不自然なまでの速やかな反復を強いることも、修行というかたちでからだに過酷な作業を強いることもある。

　ひとはじぶんのからだの形状や姿勢や動きに介入することで、辛うじておのれのバランスを保ってきたのだ。

語りかけてくる服

　服をどうやって選ぶの、ってきかれることがよくある。

はためにはちょっと変わった服を着ているからかもしれない。アイロンを当てすぎたような光沢の服、仮縫いの糸をつけたままの服、いくつにも染め分けた服、左右で形の違う服、リバーシブルの服、雑巾のような凹凹のある服、ステッチの入った服、裏返しの服。それもみなだぶだぶのサイズだからかもしれない。

(5) アンドレ・ルロワ＝グーラン　フランスの民族学者、先史学者（一九一一―一九八六）。先史時代の思考様式への新たなアプローチを試みた。著書『先史時代の宗教』ほか。

二十年近く同じデザイナーの服を着ている。まだ一着も処分していない。はじめて買ったジャケットはいまも秋になったら着ている。鏝《こて》光りしてきても、ヨレヨレになっても、はじめからそういう服だから古びない。

いかがわしさ、というのが魅力のひとつだ。これを着ていると、だれにも職業を当てられない。どういうご職業ですかと、かならず訝しそうな眼できかれる。そのぶん、とても自由な気持ちでいられる。じぶんをあらかじめ限定しなくていいからだ。

職業はわからなくても、それが「わたし」であることは遠くからでもわかるらしい。ラインが独特だからだ。

もうひとつの魅力は、服が語りかけてくること。このデザイナーの服は袖が異様に長い。指先がすっぽり隠れる。だから腕時計を見るときは、袖をまくらなければならない。片方の手がふさがっているときは、腕を空に向けて伸ばし、手首を出さねばならない。そのうち面倒になって、一台くらい電車に乗り遅れてもいいや、という気分になってくる。身のさばきがほんの少し変わる。そのとき、デザイナーの心もちにちらっと触れた気になる。もちろん逆にそれに強く反撥するときもある。

ファッション・デザインはだれかがその服を着ることではじめてまっとうされる。そのときたとえば、世の中なんかかったるいね、っていったデザイナーの気分が着るひとの膚に触れる。世界の触感がさりげなく伝わる。

内向しはじめた服

「ポジ・ネガ逆転メイク」という言葉を学生に教えてもらった。

ふつう眼の上には濃いめのアイシャドウを塗り、唇には唇より鮮やかなルージュを塗るのがメイクの基本である。が、このところ、眼の上にも唇にも地色よりも白っぽい色を塗り、逆に肌はこんがり焼いたような褐色にする、そんな濃淡を逆転させたメイクが目立つ。

数年前には、シャツやスカートを裏返しにするファッションがはやった。ふつうわたしたちのからだは服の裏地と接触しているが、この裏返しの服だとからだは表地のほうと接触する。その結果、服を着ているのにからだは服の外側に位置することになる。まさに服を着たまま服の外に出る服である。

よく考えてみればしかし、服の表と裏というのは難しい。他人に対していえば、服の表はあきらかに他人に見えている側である。肌と密着している側が裏である。ところが服をからだの環境と考えれば、服はからだが接触するもっとも近くの外部環境である。つまり表からは見えない服の裏側がからだが最初に接触する面となるわけで、その意味ではこちらが衣服の表だということになる。

これまで、衣服と身体とが触れあうその面のデザインにもっとも熱心に取り組んできたのは下着やスポーツウェアのメーカーだ。ブラジャーひとつとっても、マシュマロのような触感、よく伸び縮みしてからだに柔らかくフィットし、通気性が高く、汗や臭いもよく吸収する、そんな機能性を追求してきた。

空気調整がよく効いている室内では、体温調整よりも身につけたときの皮膚の感触を重視した服づくりがなされる。天然繊維よりも構造的に緻密な新素材を用いる現在のアウターウェアのデザインは、下着やスポーツウェアのメーカーがこれまで開発してきた技術上のノウハウをますます必要とすることになるだろう。服はここ数年でぐっと内向しだした。

じぶんを脱ぐための服

服は汚れると着替える。くたびれてくると買い換える。

しかし、服は別の理由でも着替える、買い換える。からだにではなくて、じぶんにしっくりこない心地がしてである。

服には「〜らしさ」というイメージがこびりついている。たとえばおとならしさと子どもらしさ、男らしさと女らしさの差異の多くは、この外見のイメージによって構成されている。子どものときからズボンをはかされるかスカートをはかされるかで、性差の意識や、座り方、歩き方といった身ごなしそのものまで大きく変えられてしまう。こうしてあるタイプの服を着ることで、あるひとの具体的な身体感覚から人格まで、本人も知らぬまに規定されるのだ。

そうすると、服を着替えるというのは、じぶんにしみついたそういう身体感覚や人格イメージに違和感を感じて、それを脱ぐという意味をもつことになる。こんなはずじゃなかった、じぶんにはもっと別のじぶんになる可能性もあったはずだという意識がどこからともなくしみだしてきて、じぶんの存在モードの変化を求め、服を着替える。服はその意味で、イメージを着るという視点とともに、それを脱ぐという視点からも見ることができる。じぶんを脱ぐための服、固定観念からじぶんを解除してゼロに戻すための服、という視点から。

「見わたすかぎり、そこここには「あまりに多くのものが死に絶えて」しまっていて、僕らの友人たちは手あたりしだいに拾っては、これではない、これは僕のもとめていたものでないと、芽ぐみはじめた森のなかを猟りあっていた」。

寺山修司が二十二歳のときに俳句と短歌に賭けたおのれの十代をふりかえって記した言葉である。

たぶん同じ思いでだろう。川久保玲（コム・デ・ギャルソン）はコレクションのときモデルたちに向けてこういう。「にこにこしないで、踊らないで、ただふつうに道を歩くように歩いて」、と。

ホスピタリティ

デパートにクリスマスのデコレーションがついた。これからデパートがいちばん華やかになる季節だ。

わたしが子どものころ、デパートは異空間だった。入るなりお化粧品の妖しい匂いがし、宝石や下着やきものなども売っていて、なにか子どもが入ってはいけない空間という、強い印象があった。で、母親が買いものをしているあいだ、階段の手すりを滑ったり、エスカレーターを昇り降りしたりして遊んでいた。

愉しみはそのあとにあった。六階に上がる。そこには広くて明るい洋食堂があった。映画館があった。屋上には街を見下ろせる遊園地があった。

おとなにとってもそれは非日常のまぶしい空間であったろう。ちょっと手の出ないゴージャスな服や家具を横目で見ながら、それよりはワンランク下の、しかし当人にとっては一生一代の決心で買うものが、ずらっと並んでいた。

やがてスーパーができて、日用品はそこで比較的廉価で手に入るようになった。デパートは高級専門店を入れて差をつけなくてはならなくなった。が、世の中が豊かになって街にもブティックが並び、デパートは顔を失って、街の風景のなかに自然に溶けだしていった。

デパートがいま市民に提供できるのは、おそらく〈時間〉だと思う。ぶらっと入って、いろいろなスタイルやテイストをもった物に囲まれて、じぶんの生活を見なおす、あるいは「ちょっと生活変えてみようか」と、ありうる別のじぶんをいろいろに思い描いてみる。客にそういう「時間をあげる」（ケア論の広井良典[6]さんの言葉）こと、それがデパートのスタッフの仕事ではないか。

食事をしたり、髪をとかしたり、入浴したり、着替えたり……と、生きるというのはじぶんをケアすることだ。そのセルフ・ケアが独りでできなくなったとき、介護が必要となる。介護は、看護とは異なり、ひとが独りでやろうとしてできないことを、できるまで待ちながら、でもできない最後のところで手を差しのべるという行為である。それはセルフ・ケアのケアとでもいうべきもので、待つということがだいじなのである。「なにかお手伝いできることがありますか」（Can I help you?）そういうかたちで客のセルフ・ケアをケアするということ。そういうホスピタリティがスタッフの仕事ではないだろうか。

（6）広井良典　千葉大学法経学部教授（一九六一―）。厚生省出身の研究者で、社会保障や医療・福祉関係の政策研究や調査に、独自の思想的視角から取り組んできた。著書に『遺伝子の技術、遺伝子の思想』『ケアを問いなおす』など。

人間サーモスタット

夏祭りが終ると、次はお坊さんのお盆参りの季節である。

都会のお坊さんは渋滞を避けるためにか、オートバイで檀家を一軒一軒回られる。夏でも重ね着をしておられ、しかも常人と同じでヘルメットの装着義務もある。汗ダラダラで檀家に着くと、まあ一服と、冷たいお茶を出され、また次の檀家への道すがら大汗をかくことになる。

そういういでたちだから、むかしから衣裳に知恵がこらされていた。通気性がよく蒸れない生地を使ったり、竹で編んだ胴着や腕輪を下に着こんで、汗できものがべとつかないよう工夫がなされていた。

迎えるほうも、戸外の暑気と室内冷房の寒気とに交互に触れると疲労が濃くなるので、あらかじめ窓を開け放って部屋を涼しくしておいてからお坊さんを迎える。そして読経をはじめたお坊さんを後ろから団扇《うちわ》であおぐ。お坊さんの首筋には汗がじとっと滲んでいる。それが静かに引くまであおぎつづけるのである。

これを日本の習俗に詳しいある米国の建築家は、「人間サーモスタット」と呼んだ。自動温度調整器という意味でである。いまはほとんどのマンションで全館空気調整がなされているので、団扇を使う機会というのがめったにない。団扇をあおぐのではなく、スイッチの調節にこまめに走る。そしてそれだけ、後ろからあおいでもらうという、あのホスピタリティの経験が乏しくなっている。

さびしいことである。機械装置から流れてくる冷気より、生ぬるくても団扇で送られてくる空気のほうが心地よいにきまっている。

服だってそう。温度調節というとみな室温を調整するばかりで、じぶんと相手をともに涼ませる着衣の工夫を忘れている。「愛させてほしい」と受け身でいうことで愛し方を忘れるように、室温を調整することでみずからの身体能力をまたひとつ失いつつある。

他者へのまなざし

京都のある公立高校で制服が一部の課程で導入されることになり、それに反撥した生徒たちが一学期の終業式に浴衣で登校した。

浴衣での参列を制する先生に対し、生徒たちは「私服が認められているのだから浴衣だっていいはずだ」、「卒業式では袴や振袖姿が認められているのに」と反撥した。すると先生は「浴衣は昔は肌着だったので、公式の場にふさわしくない」と説得にかかった。

京都の公立高校はもともとずっと私服通学だったので、その抵抗の形式にも自由な雰気があるし、きものの街らしく先生のほうも浴衣の由来を歴史的に説くというふうに、一種の知恵くらべのようなやりとりになり、制服問題にしてはあかるい(?)トラブルだった。この押し問答、なかなかセンスがいい。ふつうこの種のトラブルだと、個人の自由か集団の規律かといった堅苦しい枠組みのなかで問題にされるものだが、ここではたかが服、されど服という呼吸が、両者のあいだで共有されている。生徒たちは抗議という形式ではなく、浴衣という意表を突く姿で学校のきまりを揺さぶったのだし、先生は肌着で人前に出ることがいかに礼を失したことかを諭そうとした。どちらも、個人の表現といったしゃちこばった視点からではなく、他者のまなざしにじぶんの姿がどう映るかという視点から、服装を問題にしたのだった。

おしゃれは他人の視線をデコレートするものだという考えかたがすてきだ。夏にお坊さんやご婦人が白い生地の上に重ね着しているあの黒く透けたきものは、なによりそれをまなざす人の眼を涼ませる。逆に学校での先生のジャージー姿が生徒を傷つけることもある。わたしたちの存在はこの程度にしか扱われていないのか、と。服にはあんがい重い意味がある。

「ケータイ」もおしゃれに

携帯電話にはどうしてもなじめない。たまに他人に借りたりして、その便利さに驚くことはあっても、やはりよほどのときしか人前では使おうという気にならない。新しい媒体が出現したときの常で、古い考え、いずれ慣れて忘れてしまう感想なのかもしれないが、それでも、人混みで、そうでなくっても気持ちが落ちつかない場所で、個人的な会話で他人の気持ちを不要に刺激したり、乱したりすべきではないと思う。

あまりに平然と私的な会話をしていると、そばにいる者はじぶんは他人のうちに数えられていないんだなと、無性に腹立たしくなってくる。逆に、あきらかに聞こえていることを意識してえらそうな話し方をしているのを聞かされると、やめてほしくなる。いずれにせよ、こころが波立つのは、聞かされるほうだ。

幼な子をじっと見ているだけで心が穏やかになることがある。同じように、ひとを見ているだけで涼しい気分になることがある。心にぽっと火がつくこともある。おしゃれというのは、そういうふうに他人の視線をデコレートすることだ。他人の心を乱すファッションというのは、他人の視線にむりやりに、耐えがたいほど下劣な化粧をほどこすようなものだ。

おしゃれなひとはじぶんが他人にどう映っているかに敏感だ。他人を先に考えるかぎりで、そこにはなにがしか気づかいの心、思いやりの心、つまりはホスピタリティが含まれている。「ゲンキー?」とささやいている声に、「ケータイ」ならではのホスピタリティを感じることもある。しかし携帯電話はつながっている相手と時間を共有しているだけでなく、まわりのひとと空間を共有してもいるのだ。

携帯電話はいずれ服の一部のようになるだろう。CD再生機などとともに、いずれじかに装着される機器になるかもしれない。だとしたら、「ケータイ」もいまからおしゃれに装う練習をしておきたいものだ。

浴衣

日本の夏は、とにかく焼けるように暑い。蔭でじっとしていても汗が噴き出すほどに蒸し暑い。

だから家もきものも、空気が通り抜けるような工夫をいろいろしてきた。深い軒をつくって座敷に日差しが届かないようにしたり、表に打ち水をしたり、襖をぜんぶ開けて奥の庭に水をまいて屋内を空気が対流するようにしたり、日傘をさしたり、きものの下に竹編み細工の胴着をつけて風を通したり、あるいは涼しげな絽《ろ》や紗《しゃ》の透き通ったきものを生成《きなり》のきものの上にはおったり。

こういった習慣は、残念ながらもう、木造の家並みが残る古い町でしか見られない。が、夏祭りや花火大会はどんな町でも残っている。わたしの住んでいる関西でも、京都の祇園祭、大阪の天神祭、岸和田のだんじりと、町をあげての賑わいだ。ひとびとのきりっとした表情には、日常からの解放感とともに、祭を支える責任感のようなものさえうかがえて、さわやかだ。

夏祭りといえば、やはり浴衣だ。大人も子どもも、女も男も、団扇片手にくつろいだ気分で、歩き方も普段と違ってのんびりしている。浴衣のデザインもずいぶん変わった。このごろは、大きな幾何学模様や縞柄などシャープなデザインのものが多いし、また色目も白地に藍や紅から、洋風のシックな色、原色のカラフルなものが増えている。もっともこのごろはショートヘアの女性が圧倒的に多いので、襟足のほのかなエロティシズムを後ろから楽しめなくなったのは残念だ。

浴衣を着ればオフの感覚に浸れる。ドレスアップというより、ちょっと肩の力をぬいたドレスダウンの感覚。そのなかで、一刻も無駄にすまいといった息せき切った感覚から解放される。と、そのとき、ゆったりとしたきもののさばきはとても快い。布と布、布と肌の間にはらまれる、ふわっとした空気の感触がとても心地よい。

そういう解放感のせいもあって、普通のきものならあれほど着方を気にする若いひとたちも、浴衣となるとじぶん流にとてもラフに着こなす。浴衣の下にTシャツを合わせたり、下駄の鼻緒にブルーや焦げ茶のペディキュアをした素足を通したり。以前、祭りで賑わう都心で、女物の花柄の浴衣に毛脛をむき出しにしてスニーカーを履いている男子を見かけたこともある。和もアジアも洋風もない。むしろ無国籍的な日常着のファッションのなかに浴衣を自然に組み入れている。

こういった自由さの背景には、浴衣ならひとりで着られるということがある。きものが着られなくなった理由として、生活様式の変化（たとえば洋風の家屋・調度、近代的なオフィス環境）、空調や建築構造の変化にともなう季節感の消失などがよくあげられる。が、決定的な理由はひとりで着られないということだ。核家族が普通になった都市では、家のなかに成人の女性はひとり。だから嫁がきものを着るのを姑が手助けするとか、祖母が孫のきものを着せるといったことがなくなって、ひとりできものを着なければならなくなった。が、どういうふうに着たらいいのかわからない。代々、きものを、そしてそのときの作法を伝えるという習慣も育っていないからである。そして、日常きものにふれることが少ないから、「見る眼」もなくなってくる。

でも、ほんとはきものが嫌いなのではない。いまの生活環境、いまの身体感覚とのずれが大きすぎて着にくいだけのことなのだ。きもののクオリティやテイストには、みんなそれなりの信頼感をもっている。が、センスが変わらないといけない。マンションの打ちっぱなしの壁や板の床、モダンなソファに合うようなおしゃれなきものをみんな欲しがっているのを、つくるほうはまだよくわかっていない。

きものそのものも問題だが、きものの衰退とともに、きもののもっていたセンスや「衣」のフィロソフィーまで消えてゆくのが、なんとも惜しい。

「急がないとき、きものは最高だとおもう」という外国人のきもの愛好者の声を聞いたことがある。きものが、効率性ばかり求める余裕のない時間感覚から、わたしたちを抜けださせてくれるということであろう。つまりそれは、対案ともいうべき別の生活感覚を、からだで感じさせてくれるということだ。

文化としてのきものを考えるとき、もうひとつ忘れないでおきたいことがある。それは、きものはじぶんを表現するメディアである以前に、なによりも「他人の眼をデコレートする」という心づかいや気配りに満ちているということだ。いちばんの例は、夏にきものの上に重ねる絽や紗の黒い透けたきものだ。本人は一枚余分に身につけるのだから、それで涼しくなるわけではない。が、その透けた黒が、あるいは日傘の影が、すれ違うひとの眼を涼ませる。そういうこまやかな心づかい、つまりはホスピタリティの感情が、きものにはしみこんでいる。

浴衣の心地よさはもちろん解放感であるが、祭りに行くときにたとえば朝顔や金魚の柄の浴衣を着たり、スニーカーと組みあわせてミスマッチを楽しんだりして、見るひとの眼をデコレートしてあげる、そんな遊び心が、浴衣のもうひとつの魅力である。

わたしたちは「じぶんらしさ」などと称してじぶんの個性を探すこと、磨くことをいつも第一に考えることになれているが、じぶんのことより先に相手のことを考えるという、かつては当たり前のことだった行儀を、きものを着ることで思い出してみたいものだ。

あとがき

最近、ファッションから力が脱けてきました。いい意味でも、ちょっとさびしいような意味でも。

さびしいというのは、ひとの表面からなにか緊張というものがなくなってきて、みんなあまり背伸びや外しをしなくなって、妙におさまりがよくなって、それで街の風景がだらんとして、かったるくなったような気がするからです。なにもあそこまでたがいを弛めあわなくていいのに、と思わないでもありません。街を歩く愉しみが減りました。ファッションがコミュニケーションの媒体だとすれば、いまひとは言葉のかけあいのほうにもっと微細な交通をもとめるようになっているのかもしれません。じっさい、携帯電話やEメールのほうにかけるお金がうんと増えているのでしょう。CDの売上も落ちていると聞きます。

いい意味でというのは、ファッションの記号性に振り回されないで、服そのものに目がいくようになってきたのかもしれないからです。DCブランド現象なんてほんとにおかしいと思いながら、みんなそれに浮かれてきました。じぶんの持ち物にじぶんを賭けたり、ブランドのほうがステイタスを維持するために売れ残りをひそかに焼却処分したり……。そんなことをヘンにおもわないひとはいなかったはずなのに、です。みんな服に、あるいは記号に、着せられていたのです。

そしていま、デザイン・製造・販売をすべて自社でおこなうユニクロのような会社がでてきて、ああ、基本的なアイテムならこんなに安く作れるんだとみんなが驚いています。服も店内の装備もよけいなものはぜんぶ削《そ》ぎ落として、色も形も現代のベーシックに徹して、ほとんど生成《きなり》に近い感覚で、そしてそれをほかのお気に入りの服と合わせるといった着方ができるようになっています。おしゃれなひとなら前からしていたことですが。ぼくが気に入った雨傘は、なんと六九〇円でした。男女・年齢・趣味を問わないというところが、なんかさわやかな気がします。個人主義のベースという感じすらします。これが消費者がかしこくなる一歩だったらいいのに、と思います。もともとファッション、ファッションという気負いが見えるのはおしゃれではありませんから。さりげなさがいつもポイントだったのですから。

近田春夫さんは、ある雑誌で、服に対する喜びのポイントがずれはじめた、と指摘しておられます。きっとそういう面があるんだろうな、と思います。モードの強制から切れたところで、もういちど服にじっくり接しなおす時期にきているのでしょう。服は、メイクとともに、〈わたし〉とその外部との〈際〉を構成するたいせつな界面なのですから。

この本は、『ひとはなぜ服を着るのか』（ＮＨＫライブラリー）に続くぼくの六冊目のファッション本です。「てつがくってかんじ。」（伊勢丹マンスリーアイプレス1997.4–2000.2）、「モードのツボ」（朝日新聞1996.4.4–1996.9.26）、「インテリアの着ごこち」（「LIVING DESIGN」リビングデザインセンター、1998.10–1999.10）、「モードのてつがく」（毎日新聞1997.1.22–1999.9.8）、「装いのたくらみ」（日本経済新聞1999.1.9–2000.3.25）という欄に掲載された文章を配列しなおすというかたちで作ってもらいました。いっしょに頭をひねってくださったのは、同朋舎の泉谷聖子さんです。彼女の提案とディレクションでこの本はできあがりました。打ち合わせのときには、ブックデザインの尾崎閑也さん（鷺草デザイン事務所）がいつも、その名のとおり閑かに臨席してくださいました。仕事のすきまのバタバタした時間でしたが、しかしほんとにほっとできる時間でもありました。おふたりのお人柄のおかげです。連載時に長くお世話になったのは媒体順に、小川澄見子さん（伊勢丹）、上間常正さん（朝日）、上杉恵子・斎藤希史子さん（毎日）、岩田三代さん（日経）です。締め切りの日になっても脱稿できず、みなさんには何度も心臓が凍りつくような思いをさせてしまったはずなのに、いつもにこにこ顔で伴走していただき、心から感謝しています。

Merci bien.

2000 *mars* 鷲田清一

文庫版あとがき

ファッションは刻々と変わる。この本が世に出てから六年、ファッションの水準は服からからだへとしだいに移動していったようにみえる。服から力が抜け、（あたりまえのことだが）過度にファッショナブルであることがアンファッショナブルであることにひとびとがセンシティヴになって、服がからだにもの言うというよりも、からだと地続きになってきて（スカートをはく女性が激減した）、圧倒的に「新しい」服も見なくなった。

かわりに、からだの加工や演出は細かく分岐していった。髪の色、髪の形はとても多彩になったし、ピアッシングや眉の大胆な整形は男女ともにあたりまえになったし（ただしけっこう定型的である）、ネイルの色や絵柄は自由になったし、へそや腰あたりの背中を見せるのもふつうになった。そしてなにより肌がマネキンのように毛もしみもない均質なものになった。最近は鼻の下や横顎に産毛の生えている女性も、手足の表面を黒い毛がゆらめいている女子中高生も、めったに見なくなった。男性もスキンケアをはじめたひとが増えている。

ファッションの水準が服から身体そのものへと移行するという動きは、ピアスが登場した一九八〇年代からしずかに加速してきたようにみえる。が、この裏でもうひとつの並行的な現象もまた進行した。拒食・過食といった生理への自己攻撃、リストカッティングなど身体表面への自己攻撃である。かつて「自分探し」と呼ばれた自己確認への衝迫は、その後苦痛をともなう身体の身体への自己攻撃というせっぱつまった衝迫へと、すくなからぬ部分でエスカレートしていった。

身体の加工、身体への攻撃……。これらを見ていると、コルセットというかたちで十九世紀の女性の身体にかかった烈しい社会的圧力とくらべ、「攻撃」という点ではほぼ重なるものの、それらがターゲットにしているその身体が組み込まれている状況じたいが大きく変化していることをいやでも強く意識せざるをえない。それがファッションを「てつがく」することの現在のテーマの一つであろう。とはいえ、ファッションにおける身体加工や身体攻撃だけを孤立的に取りだしてもその「変化」の意味は見えない。医療の対象としての身体、メディアに接続された身体、介護する／される身体、身体イメージにかかる圧力など、つなげておかねばならない問題は無数にある。

ファッションは、ひとをあたらしさの魅力にうっとりさせながら、その陶酔にすぐに水をさす。つまり、新しさの魅力とはじつは儚さの痛い想いでもある。それはいまときめいて見えるものもいずれすぐに色褪せてしまうという感覚を、ひとびとのあいだに滲みとおらせる。心をなびかせるものはいろいろあるが、ほんとうに決定的といえるようなものは何もないという感覚だけが、苦々しくあとに残る。いまこの時にときめいて見えるものも、すぐにダサイ屑の一つに転落する。いまの時代に決定的なのはこれだ、このスタイルだと言いながら、舌の根も乾かぬうちにそれを「流行遅れ」(アウト・オヴ・モード)だとして廃棄してしまう。そしてそのことでモードは、この世にはじつは決定的なものなど何もないという白んだ事実をむきだしにする。

モードを一気に加速することで逆にそういう白んだ事実をむきだしにしていったのが、二十世紀の終わりの光景だった。「決定的とおもえるもの」がなくなったのである。「これがないと生きていけない」というのではなく、「なくてもいいけどあってもいい」というものに、(ファッションだけでなく)物一般が変わったのである。そして「取り替えのきかない」はずの身体にもまた、そうした意識は浸透していった。身体を着替えるという感覚は、あるいはせっぱつまった欲望は、おそらく、もはや異様なものではなくなっている。

刊行後、すぐにと言っていいほど短い期間に出版元が組織を解消し、書店の棚から消えてしまった本書を、遠い記憶のなかからあらためて救いだしてくださったのは、筑摩書房編集部の大山悦子さんと高山芳樹さんである。高山さんは校閲の方とともに、古着の細かなほころびを一つ一つ丹念に修復してくださった。おかげでこの服も生き返った。ありがとうございました。続く頁では、わたしとおなじく「哲学」を勉強してからファッション論の世界に入り、文化社会学の視点から現在のファッションについて鋭い批評行為を続けておられる成実弘至さんが、わたしのこの仕事について論じてくださっている。新装なったこの本が手元に届いたときに読ませていただくのが、いまはいちばんの楽しみだ。

Im voraus vielen Dank.

鷲田清一

解説　魂の皮膚、はずしの美学

成実弘至

一九八九年、鷲田清一さんが『モードの迷宮』を刊行されたことは、ファッションに知的な関心をもっていた若者たちにとって、ひとつの「事件」だったのではないだろうか。少なくとも、当時わたしはそう受けとめていた。

それまで（いまでも？）哲学は衣服にせよ流行にせよファッションなるものを軽蔑していた。哲学者や思想家はものごとの本質を見きわめるのが仕事であり、うわべや表層にかかずらわってはならない。「ニューアカ」が流行していた八四年でさえ、吉本隆明がコムデギャルソンの服を着て雑誌「アンアン」に登場したことが一部で論議を呼び、埴谷雄高から資本主義に魂を売ったなどと難癖をつけられる、というエピソードがあったくらいだ。鷲田さん自身、かれのモード論の仕事を見た恩師のひとりから「世も末だな」といわれた、とある文章で告白している。

ヨーロッパにはジンメル、ベンヤミン、バルトなどファッションに正面から向かいあった思想家は少なくない。しかし日本でかれらが語られるときは、そちら方面の業績はなにか傍流のようなものとされるのがつねであった。まあ軽蔑こそしないにしても、興味もないし理解する気もないので、もっぱら無関心を装うというのが賢明な学者のとるべき態度というものだ。八〇年代かなりお気楽な哲学専攻の学生だったわたしでさえ、こうしたルールを了解していたのだろう、卒論でファッションをテーマにしようなどと一度たりとも考えたことはなかった。ところが、『モードの迷宮』はこの伝統に抗するように、ファッションに注目するのみならず、重要な哲学的主題として論じてみせたのである。

鷲田さんがモード論を書くようになったのは、「マリ・クレール」というファッション雑誌から連載を依頼されたのがきっかけである。八〇年代の「マリ・クレール」は、安原顕という名物編集者がいて、ファッションと文学、芸術、現代思想の最前線を同じレベルで並べて見せるという、いかにも八〇年代的な編集方針を掲げていたのであった。そんな雑誌なので男性読者も多かったが、今から思うとこの連載に注目していたひとはかなりいたにちがいない。その後、鷲田さんはモード論の旗手として注目され、いくつもの著作を発表していく。本書はそのなかの一冊だ。

鷲田モード論の衝撃とは、これまでファッションにあたえられていた位置をひっくり返したことであった。西洋の伝統的な思考では、精神は身体の上位にあってこれを統括するものである。それは日本でも一般に常識とされている発想だろう。これに対してフロイトやニーチェなどの近現代の思想家たちは身体の意義を強調してきた。現象学のメルロ＝ポンティもそのひとりである。メルロ＝ポンティの研究者である鷲田さんはさらに身体の表層に生起していることに目を向け、衣服が人間の存在と不可分にかかわっていることをていねいに解き明かしていく。すなわち、衣服とは人間存在にとって些末なものでなく本質的ななにかであり、その表面には個人や社会の思考や感情が描き出されているとしたのだ。本書にもこう書かれている。

「ファッションはけっしてわたしたちの存在の「うわべ」なのではない。それは、魂のすべてではないけれど、単なる外装ではなく、むしろ魂の皮膚である」。

つまり、鷲田モード論はこころとからだのヒエラルキーを批判しただけでなく（それだけなら新しくもなんともない）、身体と衣服のあいだに引かれた境界を攪乱しようとしたのだ。ファッションはわたしたちの存在そのものの一部である——。このような議論はそれと正反対のことを教えられてきたわたしたちに、目からウロコが落ちる思いをさせてくれるとともに、なにか解放感に近い気持ちをあたえてくれたのだった。おそらくそれは八〇年代という時代のなかでわたしたちがファッションから受けてきた影響がはじめて明確にことばにされたからだろう。

八〇年代は高度消費社会が到来した時代である。米ソ二大勢力の均衡がかろうじて保たれ、自民党保守政治が安定的に続くなかで、バブルという未曾有の経済的繁栄がやってきた。政治や社会問題への関心が後退する一方で、若者たちは消費や遊び、サブカルチャーにのめりこんでいく。こういうとずいぶん否定的に聞こえるかもしれないが、一方では若い世代が既成の価値観にとらわれずに好きな文化を発信したり享受したりするようになり、ファッション、音楽、映像、雑誌、広告、マンガやアニメなどの分野で新しい表現がつぎつぎに登場してきた時期でもあった。このようなカルチャーは六〇年代に青春を過ごした戦後世代がリードし、新人類などとよばれた若い連中がおもしろがって発展させていったのである。八〇年代はバブルの時代ということでとかく悪くいわれがちだが、若者文化としては多くのユニークな成果があった。

このころファッションの世界ではDCブランドが一世を風靡する。もともとDCブランドの多くは、画一的なアパレルに満足できない若いデザイナーが自分の好みやこだわりを表現するため、原宿あたりのマンションの一室でスタートさせた小さな会社から出発している。それが八〇年代の空気にマッチして成功すると、雨後のタケノコのごとく新しいブランドがうまれていった。その大半はちょっとだけ変わった服を作るメーカーだったが、三宅一生、川久保玲、山本耀司など一部のデザイナーは、着る人の生き方を変えるような創造性を追求し、これまでだれも見たことがない刺激的なデザインを世に問うていた。

したがって、当時コムデやワイズを着ていたひとびとは、ファッションがただの商品ではなく、知性や感性の限界をおしひろげるメディア＝媒体でもあることを実感としてよくわかっていたのである。しかし一般にはこのような創造性は正当に評価されず、たかが流行と見くだされてしまう。それは自分たちだけがわかるという優越感ともなっていたのだが、世間の無理解はときとして腹立たしいことでもあった。そんなもやもやした心情を鷲田モード論は見事に代弁してくれたのである。

本書でもコムデやワイズへの言及が見られるが、鷲田さん自身、こうしたファッションを着ることによって触覚がざわめき、思考が触発され、ことばをつむぎだすという体験をされたにちがいない。そんなファッションとの出会いが、かれのモード論には基調音として響いている。もっといってしまえば、衣服のあり方をラジカルに批評し解体していった川久保や山本や三宅の仕事に触れなかったら、かれの主張もこれほど生き生きした相貌におさまりえなかったのではないだろうか。このモード論にはそれくらい同時代的な感性との共鳴があったのである。

しかし鷲田モード論の魅力は、身体論の新しい応用例としてファッションを取りあげたことだけにあるのではない。そこに人間のたたずまいについての美意識があることを忘れるべきではないだろう。通常、わたしたちは若くてスリムで均整がとれたからだを美しいと思っている。だが、ひとのたたずまいの美しさというのはそのような完璧さのなかにあるものだろうか。かれの畏友、山本耀司にとっての女性の理想は、白髪のおばあさんがたばこをくわえてかっ歩する姿だという。鷲田氏が繰り返し強調するたたずまいの美しさも、自分自身の不完全さを受けいれたうえで、他人のまなざしへと自己をひらいていくような態度のことである。ここで具体的に出されているのは、街中を托鉢する質素な身なりの僧侶や色街で着飾る艶やかな芸者の姿だ。

「ひとがみな同じ感受性、同じ価値観でいるときにそのノイズとなること、いわば「はずし」の感覚、それが「かっこよさ」というものの本質ではないだろうか。人生の「はずれ」ともいうべき貧しい存在が──アップの極地であるゲイシャも、もとはといえば「はずれ」であり、不運から人生をはじめたひとが多かった──、その「はずれ」という受け身の環境を「はずし」という能動的な姿勢へと裏返す。そこにファッションのひとつの極があるように思う」。

完璧なものにあこがれ、みなと同化するのではなく、不完全さを受け入れて、孤独であることを選ぶ。そんな「はずしの美学」とでもいうべきものが鷲田モード論の基本にある。それはひとはどのように生きるのがよいのかという倫理をめぐる問いでもある。服装と生き方を肯定的に結びつけるこの姿勢こそ、ボードリヤールのようなペシミストとの最大の違いだろう。わたしのまわりの芸術家や美大生には鷲田ファンが多いように思うのだが、かれの美的感受性にはそういうひとびとに届く独自の波長があるのかもしれない。

本書『てつがくを着て、まちを歩こう』は、九〇年代後半から二〇〇〇年にかけて、新聞や雑誌などの定期刊行物のために書かれた連載をまとめたものだ。ファッションは時代の流れを敏感に映しだすものである以上、これらの文章からも哲学者が時代とどう向きあってきたのかが見えてくる。

しかし、この文章が書かれた時代は「はずしの美学」をとなえる哲学者にとってはとりわけ困難な時期だったにちがいない。日本は九〇年代にはいってバブルが弾け、九五年には阪神・淡路大震災、さらに地下鉄サリン事件がおこるなど、八〇年代のような安穏とした世界観はもろくも破綻してしまう。サブカルチャーの可能性も幼女殺害事件やオウム真理教とともに色あせてしまった。メディアを見ると、世界中に紛争が頻発し日常生活に少年犯罪などの暴力があふれていることがいやというほど報道される。このような状況のなかで、ひとびとは単独であることよりも他人と同じようにあること、不完全な現実を見つめるよりも健全な幻想のなかに自己肯定することを望むようになっている。ファッションのうえでも、がんばって個性を表現するより、普通にかわいい・かっこいいと思われたいという欲求が肥大している。DCブームも一瞬の夢と消え、消費者の関心もごく普通に着やすいスタイルか、グローバルなブランドへと移っていった。「失われた九〇年代」のなかで、ひとびとは「はずし」の美学より、「いやし」の物語にふけっていく(それは現在もなお続いている)。

本書でも、個人や社会の危機的な状況がからだの「うわべ」に現象しているさまを細やかに追いながら、時代の夢にまどろもうとするひとびとへの苛立ちが感じられる。

「ひとと同じであることを嫌いながら、ひととまったく異なるのは恐れる。安全とはいえ、さもしくてちょっともの哀しくなるような市民の幸福のかたちを、ファッションはむごいまでに明確に映し出す」。

「はずし」の生き方ができる者は、かつてもいまも少数者にはちがいない。しかし、社会に対峙しようとすることなく、「かっこいい」たたずまいもありはしない。「たかが」ファッションであるがゆえに「されど」の覚悟が必要だ、と鷲田さんならばいうだろう。現在の若者たちにはそんな服への思いは過剰なものになっている。しかし、あの時代に服をまとうことではじめて「魂の皮膚」に触れたものにとって、またファッションという「はずれ」から発言するものにとって、流行に抗することはきわめて正当なふるまいにほかならない。結局のところ、服装とはモラルの問題なのである。

本書は二〇〇〇年四月十五日、同朋舎から刊行された。

ハイ・イメージ論Ⅲ　吉本隆明

パラダイム・シフトが起きた80年代から現在まで、世界原理の変容を様々な場所より提示する諸論考。未知なる現在を超えて！　（芹沢俊介）

中国の知恵　吉川幸次郎

「論語」を貫き流れているものは、まったき人間肯定の精神である——最高の碩学が描きだす人間・孔子の思想と生涯。数篇を増補。　（加地伸行）

カミとヒトの解剖学　養老孟司

死ぬとは？　墓とは？　浄土とは？　宗教とヒトの関係を軸に「唯脳論」を展開、従来の宗教観を一変させる養老「ヒト学」の最高傑作。　（南伸坊）

養老孟司の人間科学講義　養老孟司

ヒトとは何か。「脳-神経系」と「細胞-遺伝子系」。二つの情報系を視座に人間を捉えなおす。養老「ヒト学」の到達点を示す最終講義。　（内田樹）

構造と解釈　渡邊二郎

構造主義（レヴィ＝ストロース）と解釈学（ハイデッガー、ガダマー）——どちらが優れた哲学的認識か？　二〇世紀の二大潮流を関連づけて論じる。

芸術の哲学　渡邊二郎

アリストテレス『詩学』にはじまり、カント、ショーペンハウアー、ニーチェ、フロイト、ユング、さらにはハイデッガーに至る芸術論の系譜。

はじめて学ぶ哲学　渡邊二郎

哲学が追究した本質的な課題とは何だろうか？　西洋・東洋の哲学史を通観し、現代哲学のありうべき方向を提示する、初学者のための入門書。

現代人のための哲学　渡邊二郎

哲学とは諸説の紹介ではなく、現代を生きながら身近な問題と向き合い、人間的生き方を模索することなのだ。自分の頭で考える本来の哲学入門。

モードの迷宮　鷲田清一

拘束したり、隠蔽したり……。衣服、そしてそれを身にまとう「わたし」とは何なのか。スリリングに語られる現象学的な身体論。　（植島啓司）

ちくま学芸文庫

てつがくを着《き》て、まちを歩《ある》こう

二〇〇六年六月十日　第一刷発行
二〇二二年八月五日　第九刷発行

著者　鷲田清一（わしだ・きよかず）
発行者　喜入冬子
発行所　株式会社　筑摩書房
東京都台東区蔵前二―五―三　〒一一一―八七五五
電話番号　〇三―五六八七―二六〇一（代表）
装幀者　安野光雅
印刷所　三松堂印刷株式会社
製本所　三松堂印刷株式会社

ISBN4-480-08987-X　C0110